核动力厂厂址评价安全规定编写说明与解读

生态环境部核与辐射安全中心　编著

中国原子能出版社

图书在版编目（CIP）数据

核动力厂厂址评价安全规定编写说明与解读 / 生态环境部核与辐射安全中心编著. --北京：中国原子能出版社，2023.12

ISBN 978-7-5221-3054-5

Ⅰ. ①核… Ⅱ. ①生… Ⅲ. ①核电厂–选址–安全规程–中国 Ⅳ. ①TM623.1-65

中国国家版本馆 CIP 数据核字（2023）第 200014 号

核动力厂厂址评价安全规定编写说明与解读

出版发行 中国原子能出版社（北京市海淀区阜成路 43 号 100048）
责任编辑 徐 明
封面设计 邢 锐
责任校对 刘 铭
责任印制 赵 明
印 刷 北京厚诚则铭印刷科技有限公司
经 销 全国新华书店
开 本 787 mm×1092 mm 1/32
印 张 3.5
字 数 70 千字
版 次 2023 年 12 月第 1 版 2023 年 12 月第 1 次印刷
书 号 ISBN 978-7-5221-3054-5 **定 价** **88.00** 元

发行电话：**010-88828678**

编写人员

编委委员

汤　搏　侯　伟　柴国旱　韦　力　张　琳
孙造占　潘　蓉　焦殿辉　吕爱林　王瑞雪
杨智博　路　雨

编写工作组

潘　蓉　王　璐　李　亮　杨智博　路　雨
周　群　荆　旭　纪忠华　胡勐乾　辛国臣
郭　星　孙　锋　周国良　赵　雷　朱秀云
杨　宇　任国鹏　王　恒　鲍　杰　宋　维
张　弛　张巧娥　樊　赟

序　言

自 1984 年国家核安全局成立以来，一直高度重视核安全法规和标准的建设，从成立后不久的 1986 年开始，就陆续发布了包括《核电厂厂址选择安全规定》《核电厂设计安全规定》《核电厂运行安全规定》和《核电厂质量保证安全规定》等在内的一系列部门规章、核安全导则等文件，使我国的核安全法规和标准较快成熟配套，满足了核安全监管工作的需要。

国家核安全局成立时，我国的独立核安全监管事业刚刚起步，无论从经验上还是技术基础上都还存在很大欠缺，所以采用了“拿来主义”的方式，即主要参考国际原子能机构的核安全标准来制订我国的核安全法规和标准。多年的实践表明，国际原子能机构的核安全标准吸取了世界上许多国家的良好实践，具有比较广泛的代表性，但与之相对应的，也必然经常存在语义模糊、可操作性差等缺点。

1957 年，美国第一座核电厂希平港核电站建成。14 年后的 1971 年，美国发布了联邦法规 10CFR50 的附录 A，为轻水堆核电厂确立了 55 个“通用设计准则”。迄今为止，这55个通用设计准则仍然是指导轻水堆核电厂设计和安全审评的基础，确定论的安全要求基本上都是从这55个通用设计准则发展或演化而来。

从我国第一座核电厂秦山核电站开工建设，我国核电已走过约40年的历程，各方面也积累了大量的实践。特别是与当年美国人相比，我们还拥有许多可借鉴的经验。如何在核安全法规和标准的建设过程中摆脱以“翻译”为主的方式，走出中国自己的特色，是摆在我们这代核安全工作者和核能工作者面前的重要课题，也是重要的责任。为此，国家核安全局在新一批法规和标准的修订过程中，开始尝试一些新的做法，如对国际原子能机构的新版标准加强前期的分析工作，看看有无新的值得借鉴的内容。在有新的可借鉴内容时，尽量采取在原法规和标准中增加，而不是照搬国际原子能机构新版标准格式的方法，以维持法规和标准结构的稳定。同时加强对我国已有及其他国家实践和经验的研究，将良好实践纳入我国核安全法规和标准的制修订等。

《核动力厂厂址选择安全规定》的修订也是如此。早在十几年前，就已经启动了相关修订工作，并伴随着国际原子能机构参考标准的变化，几易其稿，最终按照新的修订思路，再次进行修订，并于2023年正式发布修订版，并将名称更改为《核动力厂厂址评价安全规定》。

本书全面描述了整个修订过程及其修订的一些思考，并对《核动力厂厂址评价安全规定》的条款给出进一步解读，希望能够对《核动力厂厂址评价安全规定》的使用者有所帮助。当然，国家核安全局今后还会对下层导则陆续进行修订和出版，以对《核动力厂厂址评价安全规定》的使用给出具体指导。

汤搏

编者按

《核动力厂厂址评价安全规定》(HAF101，以下简称“规定”）是国家核安全局发布的核安全技术文件，在核动力厂厂址选择和评价中必须遵照执行，具有强制性和指导性。是《中华人民共和国核安全法》支持文件，并指导其下属安全导则的使用（HAD101 系列），是核动力厂厂址选择和评价中重要的技术文件，在核安全监管体系中具有重要地位。

《核动力厂厂址评价安全规定》修订经历十数年的时间，先后完成 3 个版本的送审稿，以我国核动力厂选址的实践经验为基础，吸取福岛核事故经验教训，借鉴 IAEA 相关升版文件，广泛征求各核电集团、设计院及核动力厂营运单位的意见，经过核安全专家委员会和生态环境部法规司审查，最终形成报批稿。

本书是编写工作组在规定修订过程中编写而成的，结合现行有效法律法规及体系内其他文件，详细说明了修订过程，结合 HAF101-1991 版本条文逐条对比，着重对条文修订中的思考进行说明，主要包括：名称调整、规定结构调整、适用范围、外部事件危险性、质量保证要求和福岛核事故的经验反馈等方面。旨在帮助相关单位在使用过程中更好地理解本规定。

目　录

一、编写背景

在研究吸取福岛核事故经验教训、借鉴国际国内核安全监督管理经验，结合我国三十多年来核动力厂选址良好实践的基础上，国家核安全局参考国际原子能机构（IAEA）2019 年发布的“Site Evaluation for Nuclear Installations” No.SSR-1，对《核电厂厂址选择安全规定》（HAF101-1991）完成了修订并发布。

1. 我国 HAF101-1991 的基本情况

我国《核电厂厂址选择安全规定》（HAF101-1991）是以 1988 年 IAEA 发布的《核动力厂安全：选址》（50-C-S Rev.1）为蓝本制定的，发布至今已有三十余年，为我国核动力厂的选址提供了有效的指导。

2. IAEA 相关安全标准的修订情况

2003 年，IAEA 发布“Site Evaluation for Nuclear Installations” No.NS-R-3；IAEA 于 2016 年和 2019 年对

NS-R-3 先后进行了两次修订：第一次是 2016 年发布了“Site Evaluation for Nuclear Installations” No.NS-R-3（Rev.1），包含了日本福岛核事故的经验反馈；第二次是 2019 年正式发布了“Site Evaluation for Nuclear Installations” No.SSR-1，引入福岛核事故经验，强调了要考虑可能的极端外部事件组合及其不确定性，评价应急响应行动的可实施性要考虑在同一厂址内可能同时出事故的机组状况等相关内容，补充了对可能影响特定厂址安全的极端灾害进行定期评估的要求。

3. 我国核电厂选址及监管的良好实践和探索

2012 年，我国结合国际对日本福岛核事故的经验反馈，陆续发布了《核安全与放射性污染防治“十二五”规划及 2020 年远景目标》和《福岛核事故后核电厂改进行动通用技术要求》，对核电厂防洪、应急和外部灾害应对方面提出了更高的安全要求，并在完善严重事故的预防和缓解方面提出了一系列的安全改进要求；2016 年，国家核安全局发布《核动力厂设计安全规定》（HAF102），充分吸收国内外核安全先进理念，有效促进核动力厂设计水平的不断提高；2018 年 1 月 1 日实施的《中华人民共和国核安全法》第二十三条明确了核设施营运单位在核设施选址时应进行科学评估的要求。

自国家核安全局成立至今，批准了多个厂址建造核动力厂，核动力厂选址经验丰富，积累了大量的实践经验，这些理念和要求在新发布的《核动力厂厂址评价安全规定》予以体现，对我国核动力厂厂址选择和评价具有重要指导意义。

二、与现行法律法规兼容性的说明

根据《中华人民共和国核安全法》的要求，核设施营运单位应当对地质、地震、气象、水文、环境和人口分布等因素进行科学评估。核设施营运单位应当依照法律、行政法规和标准的要求，设置核设施纵深防御体系，有效防范技术原因、人为原因和自然灾害造成的威胁，确保核设施安全。

本规定作为《中华人民共和国核安全法》的下游文件，是法律法规的说明和补充，可为核动力厂营运单位遵守《中华人民共和国核安全法》提供依据。本规定以规范性文件的形式进行修订发布，为核动力厂建立、实施、评估和持续改进厂址选择和评价提供规范和指导。通过对厂址选择和评价的相关要求，提高核动力厂的安全水平，也为国家核安全局的相关审评和监督检查提供依据。

三、适用范围

本规定适用于核动力厂厂址选择和评价相关工作，提出为发电或其他供热应用（诸如集中供热或海水淡化）而设计，采用水冷反应堆的陆上固定式核动力厂在厂址选择和评价中涉及核安全方面应遵循的准则和程序，其他核设施在厂址选择和评价方面可参考本规定，但应经过细致的评价和判断。

四、编制过程

修订工作始于2005年，总体可分为三个阶段：第一阶段是以IAEA于2003年发布的“Site Evaluation for Nuclear Installations”No.NS-R-3为蓝本进行修订；第二阶段是依据福岛核事故后IAEA于2016年发布的修订版“Site Evaluation for Nuclear Installations”No.NS-R-3（Rev.1）进行调整；第三阶段是依据IAEA于2019年发布的“Site Evaluation for Nuclear Installations”No.SSR-1进行修订。

本项规定修订过程中的主要技术节点如下：

（1）核与辐射安全中心编写小组于2005年初完成初稿。

（2）将初稿下发至各有关专家征求意见，根据专家的修改意见与建议，于2005年底完成修改稿。

（3）在国家核安全局主持下，组织各有关专家先后进行了多次讨论和修改，于2006年3月完成征求意见稿，并提交国家核安全局。

（4）国家核安全局将征求意见稿下发相关设计院和营运单位进一步征求意见，中心编写组在合理吸收各部门反馈意见的基础上进一步修改，于2007年末完成送审稿，并通过国家核安全局组织的专家审评。

（5）考虑到新规定修订与附属导则修订配套和适用范围界定等问题，修订工作搁置了一段时间。2012 年 7 月完成报批稿初稿，并上报法规标准审查委员会审查。审查会专家认为“规定”修订体现了国际核设施厂址安全评价技术的进展和安全原则，总体上是恰当的。但考虑到福岛核事故后 IAEA 有可能提出新的安全要求，而且认为规定适用范围从核动力厂扩展至核设施尚需斟酌，要求编写组针对我国除核动力厂外的其他核设施应用此规定的条件进行调研。

（6）2016 年 IAEA 根据福岛核事故经验反馈，发布了修订版“Site Evaluation for Nuclear Installations” No.NS-R-3（Rev.1）。根据 IAEA 的修订版安全要求和 2012 年专家审查会的意见，编写组对报批稿初稿再次进行修订，完成修订版的报批稿初稿，并于 2016 年 6 月通过法规标准审查委员会审查。同年 7 月形成《核动力厂厂址评价安全规定》报批稿。

（7）2019 年 IAEA 发布修订版“Site Evaluation for Nuclear Installations” No.SSR-1。根据 2020 年专家审查会的意见，以此为蓝本再次对《核动力厂厂址安全规定》进行修订，最终形成征求意见稿。

（8）2020 年 1 月，国家核安全局组织召开《核动力厂厂址安全规定》法规编制工作推进会。会上，对前期调研成果进行了简要介绍，与会单位代表开展了讨论，重新确定了修订蓝本。修订主要由生态环境部核电安全监管司核电一处牵头、核与辐射安全中心厂址与土建部执行。其中生态环境部核电安全监管司总体负责本规定编制工作的组织与协调，并负责规定的征求意见及报批工作；生态环境部核与辐射安全中心具体牵头开展规定的调研、修订、汇总及意见整理等工作，跟踪和督促各章节编制进展，并根据实际情况适时组织开展工作组研讨。

（9）2020 年 9 月—2021 年 3 月，国家核安全局完成《核动力厂厂址安全规定》修订稿初稿，并组织核与辐射安全中心多次对修订稿初稿逐条讨论和修改完善。对蓝本、2016 版报批稿、在用版本（HAF101-1991）进行逐条对比讨论，在讨论和实践经验的基础上，编制形成了《核动力厂厂址安全规定》（初稿）。

（10）2021 年 2 月，再次召开法规编制研讨会，对《核动力厂厂址安全规定》（初稿）全文进行详细讨论。工作组在充分讨论、吸取我国核安全监管部门选址、在建和运行核动力厂实践经验基础上，确定了如下原则：核电厂要完全适用，其他核设施参考使用，单个要素评价有可操作性，相关规定不与规定和行业标准冲突。

（11）2021 年 5 月，国家核安全局完成《核动力厂厂址安全规定（征求意见稿）》。

（12）2021 年 6 月 9 日开始征求意见，截止时间 2021 年 7 月 14 日，共计收到意见 139 条。经归纳合并相同、相近意见后，共计收到反馈意见 113 条，采纳 85 条，部分采纳 15 条，未采纳 13 条。

（13）2021 年 11 月，国家核安全局完成《核动力厂厂址安全规定（送审稿）》。

（14）2022 年 3 月，国家核安全专家委员会 2022 年第 4 次专题会审议通过《核动力厂厂址安全规定（送审稿）》。

（15）2022 年 5 月，国家核安全局对送审稿进行修改完善后，完成《核动力厂厂址评价安全规定（报批稿初稿）》。

（16）2022 年 6 月，国家核安全专家委员会 2022 年第二季度例会审议通过《核动力厂厂址评价安全规定（报批稿初稿）》。

（17）2022 年 9 月，国家核安全局对报批稿初稿进行修改完善后，完成《核动力厂厂址评价安全规定（报批稿）》。

（18）2023 年 1 月，《核动力厂厂址评价安全规定（报批稿）》通过生态环境部部长专题会审议，会议原则通过本规定，后续按程序报批发布。

（19）2023 年 2 月 27 日，国家核安全局正式发布《核动力厂厂址评价安全规定》（国核安发〔2023〕38 号），自发布之日起施行。

五、主要修改内容的说明

与 1991 版《核电厂厂址选择安全规定》（HAF101）相比，本规定发生较大变化的内容包括以下五个方面。

1. 名称调整

修订版安全规定在名称上进行了调整，由原来的《核电厂厂址选择安全规定》修订为《核动力厂厂址评价安全规定》，主要的考虑是与我国的实际应用状况以及与已修订《核动力厂设计安全规定》相配套。另外将“厂址选择”调整为“厂址评价”，是为了包含核动力厂选址阶段以及全寿期厂址评价要求，其中选址阶段的目的主要是提出推荐厂址，而厂址评价阶段的目标是对推荐厂址的适宜性和设计基准进行确认与评价，还包括核动力厂在建、运行和退役过程中对厂址的评价。本规定主要适用于对厂址选择及其以后阶段的评价。

2. HAF101 结构调整及新版本结构图

HAF101 的结构与章节名称存在变化，具体如下：

序号	HAF101-1991 版本	新版本
1	引言	引言
2	许可证申请者和国家核安全部门的任务	基本要求
3	厂址选择准则	厂址评价准则
4	对外部事件设计基准的评价	外部事件评价要求
5	影响核电厂对其所在区域产生影响的厂址特征	核动力厂对区域的潜在影响评价

新版本结构图如下：

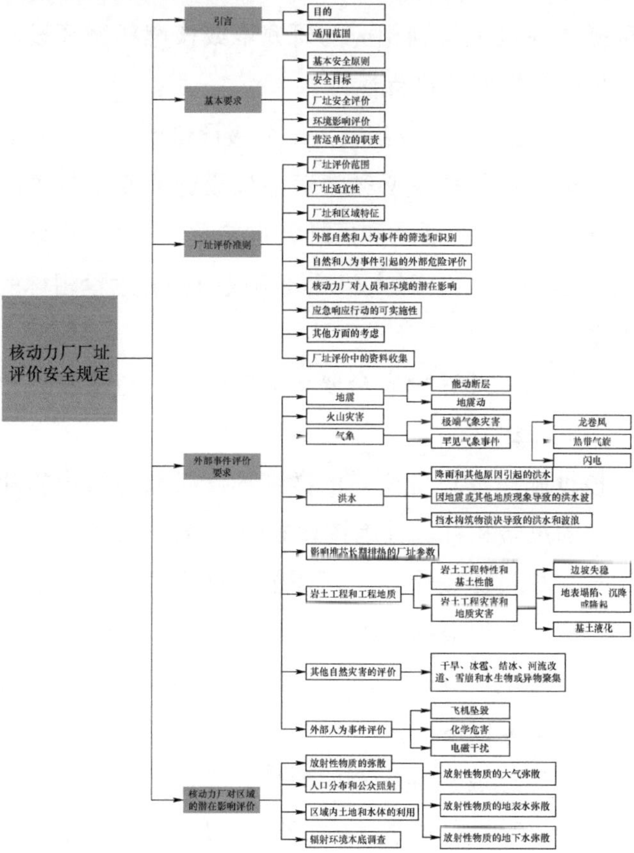

3. 适用范围

2016 年 IAEA 发布的《Site Evaluation for Nuclear Installations》No.NS-R-3（Rev.1），将适用范围从核动力厂扩展至核设施，并强调在评价中可根据不同核设施风险水平的差异，调整评价范围和评价精度。对此，在 2012 年报批稿的专家审评意见中，建议结合我国实际应用状况，调研可操作性以及编制相应的研究堆或核燃料循环设施厂址评价安全导则的可行性。

IAEA 对不同核设施制定了分级评价要求，描述如下：

厂址评价的范围必须涵盖与核设施的安全相关的所有外部危害、监测活动和厂址特定参数。在确定厂址评价范围时，必须采用与对人和环境构成的辐射危险相称的分级方案。

核设施厂址评价安全要求的实施必须与核设施相关的潜在危害相称。

核设施厂址评价所需的详细程度必须与核设施和厂址相关的风险相称，并因核设施的类型而异。

支持核设施安全论证所需的厂址评价过程的范围和详细程度，必须根据分级方案确定。

对于核电厂以外的核设施的厂址评价，在应用分级方案时必须考虑以下因素：

（1）厂址放射性库存的数量、类型和状态（例如，厂址上的放射性材料是固体、液体还是气体形式，以及放射性材料是在核设施中加工还是在厂址贮存）；

（2）在核设施进行的物理和化学过程中的相关固有危害；

（3）研究堆，热功率；

（4）核设施中放射源的分布和位置；

（5）设计用于实验的装置的配置和布局，以及它们在未来可能会发生的变化；

（6）需要能动系统和（或）操作者行动来预防事故和减轻事故的后果；

（7）发生事故时出现厂内和厂外后果的可能性。

IAEA将厂址评价安全要求的适用范围从核动力厂扩展至核设施，其主要技术支撑是按照不同核设施对人和环境构成的辐射危险不同而采取不同层次评价方法，并要求实施评价要求与核设施相关的潜在危害相称。在IAEA新修订的安全要求中，用各种外部事件的危险性水平替代了原来的设计基准，从而使核动力厂防护外部事件的设计基准和危险性水平联系起来。不同核设施的核风险水平不同，对外部事件危险性的防护要求也就不同。

虽然IAEA提供了核设施分级理念，但该理念是原则性的，缺少实施细则，且其分级要求的要素评价在概率方法成熟的条件下才能实现，而我国现阶段不能确保全部要素使用概率方法进行评价，所以直接采用IAEA核设施分级是不现实的。结合我国的实际应用状况，对于核设施选址中的外部事件评价多使用确定性和概率危险性分析相结合的方法。从风险分析的角度，完全应用概率方法来评估外部事件的危险性，对于一些缺少足够记录数据和样本的专业还不够成熟；对于确定不同核设施的风险水平及相应安全评价要求也存在一定的困难，仍需要更多的研究和积累。此外，在2016年IAEA安全要求修订版中，将原来适用范围中明确提到的研究堆和核燃料循环设施等全部删除，仅原则提到核设施，并说明核电厂安全评价要求最高，其他核设施可结合风险水平进行调整。

在规定修订中，对于外部自然事件和外部人为事件评价中所涉及厂址可接受性方面的内容与原规定基本相同，基本原则未变。但对于核动力厂防护外部事件的设计基准多调整为危险性或危险性水平，主要原因是国际上基于概率方法的评价被广泛应用，其本质是将设计基准的风险水平量化，这也在一定程度上反映了国际上核设施厂址评价技术的发展。此外，该评价要求还与《核动力厂设计安全规定》中概率安全分析（PSA）应用有关。在针对外部事件进行核动力厂设计以及事故分析的PSA时，这种具有概率含义的危险性分析参数是必需的。结合我国实际的核电厂选址安全评价，在修订的规定中并没有必须要求用概率危险性分析方法。如果技术发展到可以支持使用概率方法且是成熟的，则应采用概率论方法和确定性方法相结合评价。如果某要素仅能够通过确定性方法进行评价，也是可以接受的。

鉴于上述，在本次修订中将本规定的适用范围明确在采用水冷反应堆的陆上固定式核动力厂，而其他核设施可参考使用（见本规定 1.1.1 条）。这样的适用范围定位，比较符合我国实际应用的状况。

4. 关于质量保证要求

原规定在 3.1.14 节要求，对于所有可能影响安全和确定厂址设计基准参数的活动，都必须执行质量保证大纲。新规定在执行质量保证大纲的基础上，更强调营运单位必须进行适当的质量保证和过程控制，以控制核动力厂厂址评价各阶段所进行的厂址调查、评价以及工程活动实施的有效性。

5. 关于福岛核事故的经验反馈

根据 IAEA 于 2019 年发布的修订版内容中关于福岛核事故的经验反馈，结合《福岛核事故后核电厂改进行动通用技术要求（试行）》以及我国实践经验，最终在新规定中提出的改进主要包括以下三个方面：

（1）要考虑极端外部事件组合的风险；

（2）要加强对核动力厂设计基准危险性水平及其不确定性的评估；

（3）补充了位于同一厂址以及相邻或相近厂址的核设施所涉及的应急问题。

六、主要内容

《核电厂厂址选择安全规定》（HAF101）变更为《核动力厂厂址评价安全规定》（HAF101），其中“核动力厂”适用《中华人民共和国核安全法》第二条的规定：

核设施，是指：

（一）核电厂、核热电厂、核供汽供热厂等核动力厂及装置；

（二）核动力厂以外的研究堆、实验堆、临界装置等其他反应堆；

（三）核燃料生产、加工、贮存和后处理设施等核燃料循环设施；

（四）放射性废物的处理、贮存、处置设施。

将适用范围从核电厂扩大到了核电厂、核热电厂、核供汽供热厂等核动力厂，但没有将范围扩大到全部核设施，其他核设施可参照执行。

将“厂址选择安全规定”修订为“厂址评价安全规定”，意为不只强调在核动力厂选址阶段对影响厂址核安全的相关因素进行要求，还适用于对核动力厂全寿期厂址核安全的相关因素进行要求。

《核电厂厂址选择安全规定》（HAF101）包括 7 个方面：引言、许可证申请者和国家核安全部门的任务、厂址选择准则、对外部事件设计基准的评价、影响核电厂对其所在区域产生影响的厂址特征、名词解释、附录。

引言描述了适用的范围、基本要求和概述；

许可证申请者和国家核安全部门的任务描述了许可证申请者的任务和国家核安全部门的任务；

厂址选择准则描述了总准则、确定外部自然事件设计基准准则和外部人为事件设计基准准则、核电厂对区域潜在影响的准则、考虑人口因素和应急计划的准则；

对外部事件设计基准的评价描述了降水和其他原因引起的洪水、地震引起的波浪、挡水构筑物受破坏引起的洪水和波浪、地表断裂、斜坡不稳定性、地面塌陷、沉降或隆起、地震、基土液化、龙卷风、热带气旋、其他自然现象和极端条件、飞机坠毁、化学品爆炸、影响堆芯长期排热的厂址参数、其他重要人为事件、基土性能；

影响核电厂对其所在区域产生影响的厂址特征描述了放射性物质的大气弥散、放射性物质的地表水弥散、放射性物质的地下水弥散、人口分布、土地和水的利用、环境的放射性本底。

《核动力厂厂址评价安全规定》（HAF101）包括 6 个方面：引言、基本要求、厂址评价准则、外部事件评价要求、核动力厂对区域的潜在影响评价、术语。

引言描述了适用的范围、基本要求、选址阶段划分、原则；

基本要求描述了基本安全原则、安全目标、厂址安全评价、环境影响评价、许可证申请者和营运单位的职责；

厂址评价准则描述了厂址评价范围、厂址适宜性、厂址和区域特征、外部自然和人为事件的筛选和识别、自然和人为事件引起的外部危险评价、核动力厂对人员和环境的潜在影响、应急响应行动的可实施性、其他方面的考虑、厂址评价中的资料收集；

外部事件评价要求描述了地震、火山、气象、洪水、岩土工程和地质、其他自然灾害的评价、外部人为事件评价；

核动力厂对区域的潜在影响评价考虑了放射性物质的弥散，包括大气弥散、地表水弥散、地下水弥散；人口分布和公众照射；区域内土地和水体的利用；环境的放射性本底；

修订版本针对 HAF101-1991 版本在结构上做了一些改变，在引言一节新增了选址阶段划分，将营运单位职责内容归类至基本准则中，并在基本准则中增加了安全目标、厂址安全评价、环境影响评价等原则性的描述。厂址评价准则中细化了对厂址评价中的资料收集的相关要求和其他方面的考虑（如灾害和厂址特征随时间的变化、对最终热阱的特殊考虑和对燃料及放射性废物的考虑等）。外部事件评价准则重新对外部事件进行归类，将其从

HAF101-1991 版本并列的外部事件归类为地震、火山、气象、洪水、岩土工程和地质、其他自然灾害的评价、外部人为事件评价等大类，并在其中新增了闪电、火山、电磁干扰等相关外部事件的要求。厂址的监测和定期审查一章新增了厂址外部事件的监测要求。

七、修订逐条对比

题目

HAF101-1991 版本	题目：核电厂厂址选择安全规定
修订版本	题目：核动力厂厂址评价安全规定
修订原因	将核电厂替换为核动力厂还是核设施，核安全专家委员会上经过了充分的讨论，IAEA 早在 2003 年就将核电厂扩充为核设施。 但考虑到我国监管文件体系的一致性，即与《核动力厂、研究堆、核燃料循环设施安全许可程序规定》（生态环境部 8 号令）和《核动力厂设计安全规定》（HAF102-2016）相配套，最终采用核动力厂作为目标范围，但对其他核设施的要求，考虑到不同类型不同功能的核设施，要求的深度不一，在 1.1.1 节进行提出了“可参考本规定，但应经过细致的评价和判断”的要求。 将“厂址选择”修订为“厂址评价”，一方面是为了区分不同阶段目标的差异，其中厂址选择的目的主要是提出推荐厂址，而厂址评价的目标是对推荐厂址的适宜性和设计基准进行确认与评价。本规定主要适用于对推荐厂址及其以后阶段的评价。另一方面考虑到本次修订主要原则是厂址需要在全寿期持续进行评价，而厂址选择的概念偏向于厂址前期，所以采用厂址评价更合适

1 引言

1.1 目的

HAF101-1991 版本	本规定提出了陆上固定式热中子反应堆核电厂在厂址选择中在核安全方面应遵循的准则和程序
修订版本	1.1.1 本规定提出了为发电或其他供热应用（诸如集中供热或海水淡化）而设计的，采用水冷反应堆的陆上固定式核动力厂在厂址选择和评价中涉及核安全方面应遵循的准则和程序，其他核设施在厂址选择和评价方面可参考本规定，但应经过细致的评价和判断
修订原因	“陆上固定式热中子反应堆核动力厂”修改为“发电或其他供热应用（诸如集中供热或海水淡化）而设计的，采用水冷反应堆的陆上固定式核动力厂”，与《核动力厂设计安全规定》（HAF102-2016）保持一致。 增加了“评价”，意为已有核动力厂的厂址安全评价也应遵循本规定，考虑了全寿期的厂址安全，使已有的核动力厂的厂址安全在定期安全评价、延寿和新增补强安全特性时有据可依。IAEA No.SSR-1 第 1.8 节规定“本安全要求涵盖新建和已有核动力厂的厂址评价。对于现有的核动力厂，有关实施新的或增强的安全特性的决策将需要在可行的情况下考虑这些因素的安全重要性，以及经济、社会和环境因素。”
HAF101-1991 版本	本规定的范围包括与运行状态及事故状态（包括那些会导致需要采取应急措施的事故状态）有关厂址的和厂址与核电厂相互影响的各种因素，以及对安全有重要影响的所有外部自然事件和人为事件

续表

HAF101-1991 版本	本规定的目的是给出适用于运行状态及事故状态（包括那些会导致需要采取应急措施的事故状态）的准则和程序，以提出关于下述各项内容的基本要求： （1）规定许可证申请者必须提供的推荐厂址的资料范围； （2）评价推荐厂址，以保证能充分考虑到与厂址有关的自然现象及特征； （3）分析厂址区域的人口特点和在核电厂整个预计寿期内执行应急计划的能力； （4）确定与厂址有关的设计基准； （5）规定许可证申请者在厂址评价中的任务； （6）说明国家核安全部门在厂址评价中的任务
修订版本	1.1.2　本规定的目的是给出适用于核动力厂运行状态及事故工况的准则，以提出关于下述各项内容的基本要求： （1）规定营运单位在厂址评价中的职责； （2）确定厂址评价过程中采用的资料； （3）对厂址进行评价，以充分考虑厂址特定危害和安全有关的厂址特征，从而得出适当的厂址特定设计参数，确定与厂址有关的设计基准； （4）分析厂址区域的人口特征和在核动力厂整个预计寿期内执行核事故应急预案的能力，以确定在实施核事故应急预案有效性方面是否存在不可克服的困难。 1.1.3　本规定适用于： （1）确定可能影响核动力厂安全的所有外部自然事件和人为事件； （2）评估在核动力厂寿期内运行状态和事故工况下厂址与核动力厂之间的相互影响

续表

修订原因	删除了规定的范围，修订版新增一节予以规定（见 1.2 节　范围）。 根据《核动力厂环境辐射防护规定》（GB 6249—2011）3.7 节运行状态描述为“事故工况”，将“运行状态及事故状态”修订为“运行状态及事故工况”。 《核动力厂设计安全规定》（HAF102-2016）将设计中考虑的核动力厂状态分为“运行状态和事故工况”。 根据征求意见的专家反馈：规定中并未涵盖“程序”方面的内容和要求，故删除“准则和程序”中的“和程序”。 将“许可证申请者”修订为“营运单位”。 新增“（b）确定厂址评价过程中采用的资料；”，除推荐厂址的资料范围要求外，增加明确厂址评价过程中的资料，引用 IAEA No.SSR-1 第 1.4 节：“（a）确定厂址评价过程中采用的资料；”将 HAF101-1991 版本“（2）评价推荐厂址，以保证能充分考虑到与厂址有关的自然现象及特征；”和“（4）确定与厂址有关的设计基准；”合并为“（c）对厂址进行评价，以充分考虑厂址特定危害和安全有关的厂址特征，从而得出适当的厂址特定设计参数，确定与厂址有关的设计基准；”，并将“自然现象及特征”修订为“厂址特定危害和安全有关的厂址特征”。通过评价过程中考虑相关因素进而得出设计基准的逻辑更为合理。本规定涵盖内容除自然现象及特征外还包含人为事件引起的厂址特征。NRC10CFR100 于 1997 年 1 月修订第 100.20 条新增“必须评估与人类相关的危害”。我国评价厂址中也是如此。 删除“（5）规定许可证申请者在厂址评价中的任务； （6）说明国家核安全部门在厂址评价中的任务。”，在“第 2.5 节　营运单位的职责”予以说明

续表

修订原因	将“应急计划”修订为“应急预案”，《中华人民共和国核安全法》第五十五条“国务院核工业主管部门承担国家核事故应急协调委员会日常工作，牵头制定国家核事故应急预案”，《核动力厂营运单位的应急准备和应急响应》（HAD002/01-2019）中已将应急计划修改为应急预案
HAF101-1991 版本	本规定 3.1 条所列总准则用于： （1）选择若干推荐厂址，并评价它们是否适合于核电厂的建造和运行； （2）确定与厂址有关的安全要求； （3）针对某个特定核电厂的厂址，评价其可接受性。 本规定 3.2 至 3.5 条为用于下述三方面问题的具体准则： （1）厂址所在区域对核电厂的影响； （2）核电厂对厂址所在区域的影响； （3）人口因素的影响。 第 4 章和第 5 章为用于满足上述准则要求的安全评价程序。 核电厂厂址选择过程，通常包括对一个大的地区的调查和研究。以选择一个或若干个候选厂址（厂址查勘），继而详细评价那些候选厂址。本规定主要考虑厂址的详细评价。 本规定的宗旨是评价那些与厂址有关的而且必须考虑的因素，以保证核电厂在整个寿期内与厂址的综合影响不致构成不能接受的风险。本规定的内容并未考虑核电厂的非放射性环境影响评价，关于这方面的内容应遵循其他的有关规定。本规定的内容只包括那些与辐射安全有关的厂址选择及评价方面的问题。 建造在合适的厂址上的核电厂的安全性，可以通过高质量的设计、建造、调试、运行及退役得到保证

续表

HAF101-1991 版本	一个厂址的可接受性是与拟建核电厂的设计密切相关的。从安全观点来看，如果与厂址有关的问题在技术上有办法解决，从而保证核电厂在建造和运行期间对该地区居民的风险降低到可接受的程度，则这个厂址就符合要求。 本规定主要考虑与核电厂的厂址选择有关的低概率严重事件，这些事件也必须在特定核电厂的设计中加以考虑。对那些后果虽然较轻，但发生概率较高，会显著增加总的风险事件，也应当在核电厂设计中加以考虑。 在核电厂厂址选择工作中，除应执行本规定外，还应符合核设施安全监督管理、环境保护、辐射防护和其他方面有关规定。 核电厂厂址选择工作是核电厂建造可行性研究中的一项重要工作，必须按照基本建设程序进行。 附录 I 所列的安全导则是对本规定的说明和补充
修订版本	1.1.3　本规定适用于： （1）确定可能影响核动力厂安全的所有外部自然事件和人为事件； （2）评估在核动力厂寿期内运行状态和事故工况下厂址与核动力厂之间的相互影响
修订原因	删除了章节结构的介绍，修订了适用内容："影响厂址的外部因素"和"厂址与核动力厂之间相互影响"；后文 3.3 厂址和区域特征 3.3.1 节进行了原则性要求。针对厂址对所在区域的影响包括人口和应急外引用 IAEA No.SSR-1 第 1.5 节（目的），2016 版报批稿将本条列入 1.2 范围，并增加不适用于核安保的解释，10CFR100 100.20 节将人口因素和应急单独进行描述。 将宗旨移动至 1.2 范围 1.2.4 节。引用 IAEA No.SSR-1 第 1.17 节（范围）。 删除了保证厂址核电厂安全性因素和技术解决办法的论述

1.2 适用范围

HAF101-1991 版本	无
修订版本	1.2.1 本规定的适用范围包括新建和运行核动力厂的厂址评价。对于运行核动力厂，在确定实施新的或补充安全措施时，需要考虑这些措施的安全重要性、经济、社会和环境因素。 1.2.2 核动力厂的选址过程分为两个阶段： （1）厂址调查，对一个大地区进行调查普选并排除不适宜厂址后，确定候选厂址； （2）厂址选择，在安全和其他考虑因素的基础上通过筛选、评估、比较和排序来评价候选厂址，以选择一个或若干个优先候选厂址。 1.2.3 厂址的适宜性应在厂址评价过程中确认。厂址评价从选址过程的第二阶段开始，在核动力厂整个寿期内持续进行，包括监测、定期安全审查和确认厂址特定设计参数的其他活动，以及基于定期安全审查结果的安全再评价
修订原因	有必要对核动力厂的选址过程进行定义，明确选址的各个阶段。 HAD101/07《核电厂厂址查勘》将选址过程分为厂址查勘、厂址评价和运行前阶段。其中查勘属于厂址比较前期阶段，侧重于比选，而厂址评价主要是进行调查研究证明厂址可接受性；运行前阶段主要是在建造后运行前对厂址的调查和研究。 IAEA No.SSR-1 第 1.15 节，将选址过程分为厂址勘查和厂址选择。其中厂址勘查为排除不适宜的厂址后确定候选厂址，厂址选择为强调比选过程，确定一个或多个候选厂址

续表

修订原因	为匹配我国核安全监管的实际情况，考虑厂址选择和厂址评价的关系，避免混淆，修改为厂址调查和厂址选择，并在 1.2.3 节明确厂址评价可从哪一个阶段开始。 其中厂址初可研的部分内容属于选址的第二阶段，涉及部分厂址评价内容，但厂址评价的深度是达不到本规定的要求。所以本节描述为“可从第二阶段开始”。 受理营运单位提交选址安全分析报告和环境影响评价报告（选址阶段）标志着国务院核安全监督管理部门从厂址选择阶段介入监管。后续在《核电厂厂址查勘》（HAD101/07）修订时对于选址阶段的划分一并按此修改。 依据 IAEA No.SSR-1 第 1.16 节修订为“在核动力厂全寿期持续进行，包括监测、定期安全审查和确认厂址特定设计参数的其他活动，以及基于定期安全审查结果的安全再评价。”本节新增了核动力厂的全寿期持续进行厂址评价的要求，包括“监测、定期安全审查和确认厂址特定设计参数的其他活动，以及基于定期安全审查结果的安全再评价”。 其中需要说明的是，使用“厂址评价”是厂址选择中的一个过程，但厂址评价不止于选址阶段，选址应进行评价，但评价不仅限于选址阶段

HAF101-1991 版本	本规定的宗旨是评价那些与厂址有关的而且必须考虑的因素，以保证核电厂在整个寿期内与厂址的综合影响不致构成不能接受的风险。本规定的内容并未考虑核电厂的非放射性环境影响评价，关于这方面的内容应遵循其他的有关规定。本规定的内容只包括那些与辐射安全有关的厂址选择及评价方面的问题

续表

修订版本	1.2.4　本规定的原则是评价那些与厂址有关的而且必须考虑的因素，以保证核动力厂在整个寿期内不会因厂址原因对人或环境构成不可接受的风险。本规定的内容只包括那些与核与辐射安全有关的厂址选择及评价方面的问题。本规定的内容不包括核动力厂的非放射性影响评价（如技术、经济、非放射性环境影响和社会经济影响，以及有关各方（包括公众）的意见），关于这些方面的内容应遵循其他的有关规定
修订原因	引用 IAEA No.SSR-1 第 1.17 节(范围)，与 HAF101-1991 版本相比，调整至此处显然更为合适。 将“不能接受的风险”修订为“对人或环境构成不可接受的风险”； 将“辐射安全”修订为“核与辐射安全”； “非放射性环境影响评价”修订为“非放射性影响评价（如技术、经济、非放射性环境影响和社会经济影响，以及有关各方（包括公众）的意见）”

HAF101-1991 版本	1.2.5　核电厂厂址选择工作是核电厂建造可行性研究中的一项重要工作，必须按照基本建设程序进行
修订版本	删除
修订原因	国务院核安全监督管理部门根据其职责范围，不涵盖营运单位对核动力厂的可行性研究。本项工作相关职责归属于国家能源局，所以删除

2 基本要求

2.1 基本安全原则

HAF101-1991 版本	从核安全的观点考虑，核电厂厂址选择的主要目的，是保护公众和环境免受放射性事故释放所引起的过量辐射影响，同时对于核电厂正常的放射性物质释放也应加以考虑
修订版本	从核安全的观点考虑，核动力厂厂址评价的主要目的是保护公众和环境免受放射性事故释放所引起的过量辐射影响，同时也应考虑核动力厂正常的放射性物质释放影响
修订原因	原文保留，调整描述位置。HAF101-1991 版本位于第三章节第一句

2.2 安全目标

HAF101-1991 版本	建造在合适的厂址上的核电厂的安全性，可以通过高质量的设计、建造、调试、运行及退役得到保证
修订版本	必须在核动力厂寿期内的所有阶段贯彻基本安全原则，包括规划、选址、设计、建造、运行、退役，以及与之相关的放射性物质运输和放射性废物管理
修订原因	保留原版本，覆盖全寿期所涵盖的全部内容，增加“规划、选址和放射性物质运输和放射性废物管理”。根据现行管理实践，将调试的内容根据阶段的划分分别合并至建造阶段和运行阶段中，故删除“调试”

2.3 厂址安全评价

HAF101-1991 版本	3.1.2 必须根据影响核电厂安全的自然事件和外部人为事件及各种现象的发生频率和严重程度，对推荐的核电厂厂址的安全性进行审查。 3.1.4 必须对推荐的厂址和核电厂进行综合考虑以确定其设计基准外部事件。必须选择所有与重大的辐射风险有关的外部事件作为考虑事项，并确定其设计基准。由外部事件引起的辐射风险不应超过由内部事故所引起的辐射风险
修订版本	必须调查和评价可能影响核动力厂安全的厂址特征。必须根据影响核动力厂安全的外部自然事件和人为事件发生频率和严重程度及其可能的组合，对候选核动力厂厂址的安全性进行审查。必须利用基于外部事件危险性分析得到的发生频率和严重程度的信息来确定核动力厂设计基准，并合理考虑其中的不确定性。必须确定可能影响核事故应急预案可实施性的厂址特征
修订原因	参考 IAEA No.SSR-14.21 节和 2016 版报批稿 2.2.3 节。修订版在 HAF101-1991 版本基础上增加了外部事件组合的要求，即审查除包括单一因素外，还要包括可能的组合情况。明确了设计基准的确定是由外部事件的危险性分析而得来的，且增加了合理考虑不确定性的要求。修订版本中的要求与我国目前核动力厂厂址评价实践总体上是一致的，但在具体评价方法的应用方面存在一定差异。我国的核动力厂厂址评价采用确定论与概率危险性评价相结合的方法，特别是考虑到外部事件的特点和评价中的不确定性，对于极端外部事件的设计基准评价多采用确定性评价和概率危险性评价结果的包络，这种做法总体上是偏安全的。但在 IAEA 的修订文件中，更多地强调概率方法的应用，特别是与《核动力厂设计安全规定》中有关的 PSA 要求相对应，使前端厂址评价的输入能够更好地为设计服务

2.4 环境影响评价

HAF101-1991 版本	3.1.12 对每个推荐的厂址，还必须考虑包括厂址所在区域的人口分布、饮食习惯、土地和水的利用情况以及该区域其他放射性释放物所产生的辐射影响等有关因素，以评价核电厂在运行状态及事故状态（包括那些可能导致需要采取应急措施的事故状态）下对厂址所在区域的居民可能产生的辐射影响
修订版本	必须调查和评价核动力厂运行状态和事故工况下可能受到潜在放射性释放影响的区域的环境特征。对于候选厂址，还必须考虑包括厂址所在区域的人口分布、饮食习惯、土地和水的利用情况，以评价核动力厂在运行状态及事故工况（包括那些会导致需要采取应急措施的事故工况）下对厂址所在区域居民的可能辐射影响。需要在核动力厂的整个寿期内对所有这些特征予以监测
修订原因	新增“必须调查和评价核动力厂运行状态和事故工况下可能受到潜在放射性释放影响的区域的环境特征。” 保留 HAF101-1991 版本 3.1.1 节“必须调查和评价可能影响核电厂安全的厂址特征。必须调查运行状态和事故状态下可能受辐射后果影响的区域的环境特征。对所有这些特征在核电厂的整个寿期内予以观察和监控。”并将 3.1.12 内容合并，避免重复。 “需要在核电厂的整个寿期内对所有这些特征予以监测。”强调了整个寿期内需要对厂址特征进行监测，这是福岛核事故的经验反馈

2.5 营运单位的职责

HAF101-1991 版本	2 许可证申请者和国家核安全部门的任务 2.1 许可证申请者的任务 许可证申请者必须负责向国家核安全部门提出厂址评价报告，充分地说明在该厂址上能够建造拟建的核电厂，并能在整个预计寿期内安全运行。这个评价必须根据本规定的准则和要求、国家核安全部门规定的补充准则及其他有关规定进行。 2.2 国家核安全部门的任务 国家核安全部门有责任独立、全面地进行厂址的评审工作，以便确定拟建的核电厂可否在该厂址上建造和安全运行。 3.1.14 对于所有可能影响安全和确定厂址设计基准参数的活动，都必须执行质量保证大纲。质量保证大纲可按有关规定执行
修订版本	2.5.1 营运单位应当向国务院核安全监督管理部门提交选址安全分析报告，充分说明该厂址上能够建造核动力厂的厂址条件，并能在整个寿期内安全运行。选址安全分析报告必须根据本规定和其他有关规定的要求进行编制。 2.5.2 营运单位必须在核动力厂整个寿期的不同阶段开展评价工作，应当根据本规定和其他有关规定的要求进行。 2.5.3 营运单位必须进行适当的质量保证和过程控制，以控制核动力厂厂址评价各阶段所进行的厂址调查、评价以及工程活动实施的有效性。质量保证控制必须覆盖选址过程中的全部活动。营运单位应妥善保存核动力厂厂址评价过程中所完成的工作记录

续表

修订原因	将“任务”修订为“职责”。 将“厂址评价报告”修订为“选址安全分析报告”。与《核安全法》第二十三条保持一致。 将“国家核安全部门”修订为“国务院核安全监督管理部门”，与《核安全法》第六条保持一致。 删除了“国务院核安全监督管理部门”的职责。仅对营运单位进行要求。 考虑到 1.2.3 节中明确“在核动力厂全寿期持续进行，包括监测、定期安全审查和确认厂址特定设计参数的其他活动，以及基于定期安全审查结果的安全再评价。” 2.5.2 节新增营运单位在运行期间对厂址评价的职责。 2.5.3 节新增对营运单位进行厂址评价时进行适当的质量保证和过程控制。主要是考虑到，厂址选择阶段质量保证要求在我国法规中有所提及，但从完整性和可执行性来说，不同于核设施建造阶段和运行阶段质量保证体系，在厂址选择阶段两评报告审评中，审评不包括质量保证的相关内容的审查；营运单位从筹建开始，编制管理程序和管理规定中未明确是否需要编制质保大纲；厂址选择的评价项目一般委托开展，相关专题及报告编制过程中不确定是否进行建立质量保证体系。所以为了保证厂址评价活动受控，在此强调厂址评价过程中进行“适当的质量保证和过程控制”，具体实施细则后续还需细化制定

3 厂址评价准则

将总体要求进行重新分类描述。第 3 章“总准则”修订为“厂址评价的总体要求”，并将 3.1 节“总准则”进一步拆分成“厂址评价范围、厂址适宜性、厂址和区域特征”；将“确定外部自然事件设计基准的准则、确定外部人为事件设计基准的准则”合并修订为“外部自然和人为事件的筛选和识别、自然和人为事件引起的外部危险评价”，保留“核动力厂对人员和环境的潜在影响”，并增加了“核应急响应行动的可实施性、其他方面的考虑、厂址评价中的资料收集”等节。其中核应急响应行动的可实施性的增加，与 3.1.3 节描述本规定所考虑的因素相一致，弥补完善了对核应急的相关规定。

3.1 厂址评价范围

HAF101-1991 版本	无
修订版本	3.1.1　对于核动力厂所有运行状态和事故工况（包括那些会导致需要采取应急措施的事故工况），厂址评价的范围必须包括与厂址有关的因素以及与厂址和核动力厂之间相互影响有关的因素
修订原因	引用 IAEA No.SSR-1 要求 3 对于所有运行状态和事故工况，包括可能需要采取应急响应行动的事故，厂址评价的范围必须包括与厂址相关的因素以及与厂址和设施之间相互作用相关的因素。 本节厂址评价范围区别于 1.2 节适用范围。本节主要强调对评价范围的相关规定。1.2 节适用范围主要强调本规定的适用范围

HAF101-1991 版本	无
修订版本	3.1.2　厂址评价包括与核动力厂安全相关的所有外部危险的评价、监测和厂址特定参数的确定。厂址评价的范围必须根据核动力厂对公众和环境的潜在放射性风险确定
修订原因	引用 IAEA No.SSR-14.1 节 厂址评价的范围必须涵盖与核设施的安全相关的所有外部危害、监测活动和厂址特定参数。在确定厂址评价范围时，必须采用与对人和环境构成的辐射危险相称的分级方案

HAF101-1991 版本	无
修订版本	3.1.3　根据安全要求对核动力厂进行厂址评价时，必须考虑核动力厂可能产生的灾害性后果
修订原因	新增

3.2　厂址适宜性

HAF101-1991 版本	无
修订版本	3.2.1 厂址的适宜性评价必须在厂址评价的早期阶段进行，目的是评价一个厂址是否适于建造核动力厂，并且必须针对所规划核动力厂的寿期进行确认
修订原因	引用 IAEA No.SSR-1 要求 4：厂址适宜性。 厂址的适合性必须在厂址评价的早期阶段进行评估，并且必须针对所规划核设施的寿期进行确认

HAF101-1991 版本	3　厂址选择准则 从核安全的观点考虑，核电厂厂址选择的主要目的，是保护公众和环境免受放射性事故释放所引起的过量辐射影响，同时对于核电厂正常的放射性物质释放也应加以考虑。在评价一个厂址是否适于建造核电厂时，必须考虑以下几方面的因素： （1）在某个特定厂址所在区域可能发生的外部自然事件或人为事件对核电厂的影响； （2）可能影响所释放的放射性物质向人体转移的厂址特征及其环境特征； （3）与实施应急措施的可能性及评价个人和群体风险所需要的有关外围地带的人口密度、分布及其他特征
修订版本	3.2.2　评价核动力厂厂址的适宜性时，必须考虑以下因素： （1）在某个特定厂址所在区域可能发生的外部自然事件或人为事件对核动力厂的影响； （2）可能影响所释放的放射性物质从核动力厂向公众和环境迁移的厂址特征和环境特征； （3）与实施应急措施的可行性及评价个人和群体风险所需要的有关厂址所在区域的人口分布、潜在风险设施等社会环境特征以及地理条件、外部自然事件等自然环境特征
修订原因	保留 HAF101-1991 版本，考虑因素与全文内容是对应的，即厂址适宜性因素考虑对核动力厂的影响、核动力厂对厂址区域内公众和环境的影响、应急措施。将“人口密度、分布及其他特征”修订为“人口分布、潜在风险设施等社会环境特征以及地理条件、外部自然事件等自然环境特征”

HAF101-1991 版本	一个厂址的可接受性是与拟建核电厂的设计密切相关的。从安全观点来看，如果与厂址有关的问题在技术上有办法解决，从而保证核电厂在建造和运行期间对该地区居民的风险降低到可接受的程度，则这个厂址就符合要求。 3.1.6　对厂址全面评价后，如果证明所推荐的措施不能对设计基准外部事件所带来的破坏提供充分的保护，则必须认为在该厂址上不适合于建造所推荐的核电厂
修订版本	3.2.3　厂址的适宜性是与拟建核动力厂的设计密切相关的。从核安全角度来看，若安全评价结果表明，3.2.2 中列出的三方面因素中有一项或多项不可接受，且这些缺陷无法通过一系列厂址防护措施、核动力厂工程设计、管理措施得到解决，则必须认为该厂址不适宜作为该核动力厂厂址
修订原因	引用 IAEA No.SSR-14.7 节，如果第 4.6 节中列出的三个方面中的一个或多个方面表明该厂址不可接受，并且其缺陷不能通过结合厂址保护措施、核设施的设计特点和行政管理程序予以弥补，则必须认为该厂址对核设施不适合

HAF101-1991 版本	无
修订版本	3.2.4　评价厂址适宜性时，必须采用该厂址的特定资料；对无法获得的资料，则可采用与该厂址所在区域相类似的其他区域的适用数据资料
修订原因	引用 IAEA No.SSR-14.8 节“必须在相关的当前数据和方法的基础上评估厂址适宜性。如果相关，必须针对厂址特定事故情景制定保守标准，而且必须论证该标准与

续表

修订原因	厂址整体适合性相一致。"2016 版报批稿 2.3.8 节也曾规定"在确定上述危险性时，必须使用厂址特定的资料。在无法获得此类资料时，可采用与厂址所在区域具有充分相关性的其他区域的资料来确定这些危险性。"一般的，通过适当的和可接受的模拟技术或类似区域得到的资料可作为厂址特定资料的补充。 本节对评价资料和方法进行相关要求，明确了资料的可用性。但对"特定事故情景制定保守标准问题"此处未采纳，后文进行规定

HAF101-1991 版本	3.1.13　应尽可能在厂址选择过程的第一个阶段就确定该厂址总的装机容量。如果需要将核电总装机容量提高到高于原先批准的水平时，必须对该厂址的适合性进行重新评价
修订版本	3.2.5　对于核动力厂来说，应尽可能在选址的最初阶段就确定厂址的总装机容量和堆型。如果后期的总装机容量或影响水平显著高于之前厂址评价阶段接受的结果，则应根据更高的总装机容量进行厂址的适宜性评价
修订原因	引用 IAEA No.SSR-14.10 节，就核电厂而言，必须在选址过程的最初阶段确定将厂址的总核电容量。如果后来新增的及计划的核电装机容量（对于其他核设施考虑核材料的库存）或其影响已增加到显著高于先前确定为可接受水平的程度，则必须在考虑更高容量、库存或影响的情况下对厂址进行重新评价。 核电容量的早期确定对后期发展是有利的。核电总装机容量会直接影响厂址适宜性和环境相容性的评价，但考虑到我国国情，实际情况是核电机组落地牵扯范围广，机组建设周期长，受国际环境影响大，往往难以确定将

续表

修订原因	来机组的类型及容量。但对营运单位而言，尽早确定类型及容量，对后续的工作和安全是有益的。如海水水温温升的评价问题

HAF101-1991 版本	无
修订版本	3.2.6　对厂址适宜性进行评价时，还必须考虑对核动力厂连续安全运行有潜在影响的厂址特征，如冷却水的可用性、极端环境条件等
修订原因	引用 IAEA No.SSR-14.11 节“在厂址适宜性的总体评价中，还必须处理厂址特定属性，如冷却水可用性或及其在影响核设施安全和持续运行方面的潜在作用。” 冷却水可用性是近年来影响核动力厂稳定运行的主要因素之一，如海生物的影响。截至目前已有多次运行事件发生，应做好经验反馈。阳江核电厂 1 号至 6 号机组海生物（毛虾群）突然爆发，各台机组海水循环水过滤系统旋转滤网压差持续升高导致海水循环水泵相继跳闸，因为两台海水循环水泵跳闸触发凝汽器故障信号，汽轮发电机组跳闸，触发反应堆紧急保护停堆。红沿河核电厂 4 号机组因水母涌入导致循环水过滤系统鼓网压差高造成手动停堆运行事件。宁德核电厂 3 号机组海生物入侵导致停堆运行事件、红沿河核电厂大量水母涌入循环水过滤系统取水口导致 1 号、2 号机组停堆运行事件、岭澳核电厂 2 号机组因海生物涌入取水口导致反应堆紧急停堆运行事件、田湾核电厂海水取水口麦秸秆堵塞运行事件、秦山第二核电厂循环水系统鼓网销子断裂，常规岛生水系统进气导致机组降功率运行事件。 所以，对冷却水的可用性应加以关注。后续在下属导则修订中应细化体现

续表

修订原因	近些年一些罕见、极端现象影响着核电厂，如超强台风(气象)、溃坝、海啸、不良地质条件等，随着我国厂址陆续增多所面临极端环境条件也逐渐增多，故评价厂址适宜性时增加“极端环境条件”因素的考虑。下文对具体外部事件因素进行考虑的时候相应的也针对极端条件进行了规定，如罕遇气象

3.3 厂址和区域特征

HAF101-1991 版本	3.1.1　必须调查和评价可能影响核电厂安全的厂址特征。必须调查运行状态和事故状态下可能受辐射后果影响的区域的环境特征。对所有这些特征在核电厂的整个寿期内予以观察和监控
修订版本	3.3.1　必须调查厂址和区域可能影响核动力厂安全及核动力厂对人员和环境潜在放射性影响的特征
修订原因	引用 IAEA No.SSR-1 要求 5“厂址和地区特征，必须对厂址和地区进行可能影响核设施安全的特征以及核设施对人和环境的潜在放射性影响方面的调查。” 此处是将 91 版总准则 3.1.1 节归类为厂址和区域特征，将“运行状态和事故状态下可能受辐射后果影响的区域的环境特征”修订为“对人员和环境潜在放射性影响的特征”，实际评价也是这么做的（如人口和事故下对人接受放射性剂量的要求）。修订版本第 2.4 节 环境影响评价节要求了“需要在核动力厂的整个寿期内对所有这些特征予以监测。”本处删除

HAF101-1991 版本	无

续表

修订版本	3.3.2　必须对区域内可诱发厂址灾害进而可能影响核动力厂安全的自然现象和人为活动进行识别和评价。评价的范围和详细程度应与核动力厂的潜在灾害性后果的严重程度相符
修订原因	引用 IAEA No.SSR-14.12 节，“必须确定和评价所在地区有可能诱发厂址上发生可能影响核设施安全的危害的自然现象和人类活动。这种评价的范围必须与厂址上潜在危害的安全重要性相称。” 这段话对影响安全的自然现象和人为活动进行识别和评价进行了要求。是前一句的细化，要求对外部事件进行识别和评价，为下一节的要求提供铺垫

HAF101-1991 版本	无
修订版本	3.3.3　必须调查和评价所在区域可能受到核动力厂（核动力厂寿期所有阶段的所有运行状态和事故工况）潜在放射性影响的自然环境的特征
修订原因	引用 IAEA No.SSR-14.13 节“必须调查和评估所在地区可能受到核设施（所有运行状态和事故工况以及核设施寿期所有阶段）潜在放射性影响的自然环境的特征。” 本条区别于 3.3.2 节，3.3.2 节强调的特征对核动力厂可能产生的影响，3.3.3 节强调核动力厂对厂址和区域的影响。两者均需识别和评价

HAF101-1991 版本	3.2.5　采用某一方法确定设计基准自然事件而应研究的区域范围，必须大到足以包括对确定设计基准自然事件及其特性有影响的所有特征及地区

续表

修订版本	3.3.4　必须根据外部自然和人为事件的特征确定调查区域的范围。确定调查区域范围时，应考虑灾害的大小及灾害源与厂址的距离。对于一些特定的外部自然事件（如海啸和火山等），必须确保调查范围大到足以表征对厂址的潜在影响
修订原因	引用 IAEA No.SSR-1 4.14 节“必须针对每种自然和人为外部危害确定拟调查地区的规模。在确定拟调查地区的规模时，必须考虑危害的大小和从危害源到厂址的距离。对于某些自然外部事件，如海啸和火山现象，必须确保所调查地区的规模大到足以处理厂址上的潜在影响。” 对调查的规模进行了原则性规定，下属安全导则细化对具体要素调查区域的范围。替换了 HAF101-1991 版本 3.2.5 节规定

HAF101-1991 版本	3.1.3　必须评价核电厂所在区域内影响核电厂安全的自然因素和人为因素在其预计寿期内可预见的演变，并在核电厂整个寿期内也必须监控这些因素，特别是人口增长率和人口分布特征。如有必要，必须采取适当措施，以保证总的风险保持在可接受的低水平
修订版本	3.3.5　必须评价核动力厂所在区域内影响核动力厂安全的自然因素和人为因素在核动力厂寿期内可预见的演变，并在核动力厂整个寿期内监控这些因素。包括外部自然事件严重程度和发生频率的潜在变化、人口分布的变化、当前和未来土地和水体的利用情况、核动力厂的发展和可能会影响核动力厂安全及其核事故应急预案可实施性的其他设施的建造

续表

修订原因	引用 IAEA No.SSR-1 第 4.15 节“必须对厂址和地区进行研究，以评价可能影响核设施安全的当前特征和可预见的未来特征。这包括自然外部事件的严重性和（或）频率的潜在变化，以及所在地区人口分布的变化、土地和水的当前和未来使用、现有核设施的进一步发展或可能影响核设施安全的其他设施的建设或规划有效应急响应行动的可行性。” 要求 28 监测外部危害和厂址条件一章详细对厂址监测进行了规定，“必须在核设施的整个寿期内对与核设施许可证审批和安全运行相关的所有自然和人为危害和厂址条件进行监测。” 7.1　对外部危害和厂址条件的监测必须在不晚于建造开始之前进行，而且必须持续至退役。监测计划必须作为厂址评价的目标和范围的一部分来制定。 7.2　监测计划必须包括要监测的参数、要收集的数据类型、数据收集方法（包括数据收集的位置和频率）、任何测量的必要分辨率和精度、数据备份要求以及数据处理和分析要求。 7.3　在核设施试运行开始之前，必须对所在地区大气、水圈、岩石圈和生物群中的本底放射性水平进行测量，以便有可能确定由于核设施运行所产生的任何额外放射性。 本处对自然因素和人为因素在整个寿期内的监测进行要求，对人口分布的变化、土地和水的当前和未来使用等要求，匹配 2.4 节原则性要求。 2016 版报批稿 2.2.4 节“必须评价核动力厂所在区域内影响核动力厂安全的自然和人为因素在核动力厂预计寿期内可预见的演变，并在核动力厂整个寿期内监测这些因素，特别是人口增长和人口分布情况。如有必要，必须采取适当措施，以保证总的风险保持在可接受的低

续表

修订原因	水平。为确保风险处于可接受的低水平，有三种可用方法：核动力厂设计措施、厂址保护措施及管理措施。核动力厂设计和厂址保护措施是确保风险处于可接受低水平优先考虑的方法。” 本次修订在参考三个版本的基础上，进行原则性要求以强调监测外部危害和厂址条件

3.4 外部自然和人为事件的筛选和识别

HAF101-1991 版本	无
修订版本	3.4.1　必须通过筛选过程识别出可能影响厂址所在区域的外部自然和人为事件。
修订原因	引用 IAEA No.SSR-1 要求 6 “必须通过筛选过程确定可能影响所在地区与自然现象、人为事件和人类活动相关的潜在外部危害。” 此处强调了筛选过程，营运单位在选址安全分析报告中的选址过程必须经过筛选确定。筛选是 3.3 节厂址特征后确定灾害识别的手段

HAF101-1991 版本	引言中“本规定主要考虑与核电厂的厂址选择有关的低概率严重事件，这些事件也必须在特定核电厂的设计中加以考虑。这些后果虽然较轻，但发生概率较高，会显著增加总的风险的事件，也应当在核电厂设计中加以考虑。”
修订版本	3.4.2　筛选过程中外部事件的评价范围，必须覆盖核动力厂设计和安全评价的整个过程，包括会增加总体风险的低概率严重事件。对那些后果虽然较轻，但发生概率较高，会显著增加总的风险事件，也应当在核动力厂的厂址评价和设计中加以考虑

续表

修订原因	引用 IAEA No.SSR-1 第 4.17 节“筛选过程中外部事件的评价范围必须涵盖与核设施设计和安全评估相关的所有严重性和发生频率，包括可能导致总体风险的严重程度高但概率低的事件。” 2016 版报批稿描述“1.2.5 本规定主要针对与核动力厂选址有关且在特定核动力厂设计中必须考虑的几种低概率严重事件。对于那些影响后果较轻，但发生概率较高，会显著增加总体风险的事件，在核动力厂设计中也应予以考虑。” 本条明确了筛选过程中需关注低概率严重事件和高概率但能显著增加风险事件

HAF101-1991 版本	无
修订版本	3.4.3　若单个事件的后果可被某一事件组合所包络，则可以筛除该事件。此时必须确保被筛除事件的所有潜在后果都能被上述事件组合的后果所包络
修订原因	引用 IAEA No.SSR-1 第 4.18 节“一个事件可能因其被一系列事件所包络而筛除。但是，必须确保所筛除事件的所有潜在影响受到这一系列事件的包络。”实际选址评价过程中通用原则

HAF101-1991 版本	无
修订版本	3.4.4　对未被排除的事件，必须根据其对核动力厂安全影响的显著程度进行评价，用以确定厂址特定设计基准和厂址的再评价

续表

修订原因	引用 IAEA No.SSR-1 第 4.19 节“筛选过程未排除的外部危害必须按照这些危害对核设施安全的重要性进行评价，然后用于确定厂址特定设计参数和重新评价厂址。”

3.5 自然和人为事件引起的外部危险评价

相对于 HAF101-1991 版本，对自然事件和人为事件的评价要求进行了合并。

HAF101-1991 版本	无
修订版本	3.5.1 在核动力厂整个寿期内都必须评价自然和人为事件引起的外部危险对核动力厂安全的影响
修订原因	引用 IAEA No.SSR-1 要求 7“在核设施整个寿期内都必须评价自然和人为外部危害对核设施安全的影响。” 强调选址评价需在整个寿期内进行考虑

HAF101-1991 版本	3.2.3 必须收集厂址所在区域内发生过的上述重要自然现象及其严重程度的历史资料，并认真分析其可靠性、准确性和完整性。 3.3.3 必须收集有关上述重要人为事件的发生频率和严重程度的资料，并分析其可靠性、准确性和完整性
修订版本	3.5.2 核动力厂厂址评价必须考虑可能对核动力厂安全产生影响的自然和人为外部事件的频率和严重程度，以及这些事件的潜在组合

续表

修订原因	引用 IAEA No.SSR-1 第 4.20 节“核设施的厂址评价必须考虑可能影响核设施安全的自然和人为外部事件的频率和严重性以及这些事件的潜在组合。” 统筹考虑了自然和人为事件频率，并契合 2.3 节考虑这些事件组合的影响。这是根据福岛核事故经验反馈提出对于外部事件组合评价要求，对于如何详细考虑外部事件的组合将在下属导则中进行要求。删除了对资料可靠性、准确性和完整性的要求，在 3.9 节中进行统一规定

HAF101-1991 版本	无
修订版本	3.5.3　必须采用恰当的方法表征核动力厂厂址评价和设计相关的灾害。在灾害分析中必须考虑分析方法和输入数据的不确定性
修订原因	引用 IAEA No.SSR-1 第 4.22 节“必须使用由数值模型支持的适当方法表征与厂址评价和核设施设计相关的危害。作为危害评价的一部分，必须对该方法和输入数据进行不确定性分析。” 对灾害分析中强调需要考虑分析方法和输入数据的不确定性

HAF101-1991 版本	无
修订版本	3.5.4　必须根据灾害的性质、数据的可用性、安全评价的实际需要，确定采用确定论还是概率论灾害分析方法

续表

修订原因	引用 IAEA No.SSR-1 第 4.23 节“在危害评价中使用确定性方法和（或）概率方法的决定必须基于危害的性质、数据的可得性和适用的安全评估要求。”

HAF101-1991 版本	无
修订版本	3.5.5　采用概率安全分析时，必须根据厂址特定条件建立概率危险性曲线，作为外部事件概率安全分析的输入
修订原因	引用 IAEA No.SSR-1 第 4.24 节“必须对使用适用的概率方法和使用代表外部事件的概率危害曲线作为对外部危害概率安全评估的输入予以特别考虑。这种概率危害曲线必须参照具体的厂址条件制定。” 本条规定了采用概率法对某类型因数进行分析时的要求，一般根据样本统计数据进行危险性分析，确定概率危险性曲线，随后根据概率值确定设计基准

HAF101-1991 版本	3.1.7　在确定有关外部事件的设计基准时，应考虑它们与周围条件（例如水文、水文地质和气象条件）的组合。同时还应考虑反应堆的运行状态
修订版本	3.5.6　灾害分析中必须说明外部事件组合的可能性，包括同时发生和短时间内前后相继发生两种情况。必须评价外部事件之间的相互作用和因果关系。同时还应考虑反应堆的运行状态
修订原因	引用 IAEA No.SSR-1 第 4.25 节“危害评价必须处理外部事件可能同时或在短时间内合并发生的可能性。必须对外部事件之间的相互关系和因果关系进行评价。”

续表

修订原因	强调“同时和短时间内前后相继发生”两种情况，在下属导则的修订中也同样要求，也更为关注。如在《核动力厂外部人为事件》导则修订中，考虑有害物质释放外部人为事件，可能是易燃、易爆、窒息、腐蚀性或有毒物质的释放，也可能是放射性物质释放，可能引发爆炸、火灾等危险，而这些危险也可能继续造成飞射物，气云漂移，火灾或地面震动等效应。这些前后相继发生的事件可能是由外部人为事件引起的，也可能是由外部自然事件引起的

HAF101-1991 版本	3.2.6　必须将重要自然现象表示为推求核电厂有关自然事件设计基准的输入项。 3.3.5　必须将每一重要人为事件表示为导出核电厂有关人为事件设计基准的输入项
修订版本	3.5.7　必须选取和确定恰当的参数来描述厂址特定外部危险的严重性，这些参数应由外部危险分析的结果确定
修订原因	引用 IAEA No.SSR-1 第 4.26 条“危害评价的结果必须以可用作导出厂址特定设计参数的输入的形式表示；也就是说，必须选择或制定描述危害影响的严重性的适当参数。”

HAF101-1991 版本	3.1.4　必须对推荐的厂址和核电厂进行综合考虑以确定其设计基准外部事件。必须选择所有与重大的辐射风险有关的外部事件作为考虑事项，并确定其设计基准。由外部事件引起的辐射风险不应超过由内部事故所引起的辐射风险

续表

HAF101-1991 版本	3.2.4 必须采用恰当方法为重要自然现象确定设计基准自然事件。必须证明这些方法与厂址所在的区域内特征及目前的技术水平是相适应的。 3.3.4 必须采用恰当的方法确定设计基准人为事件。必须证明这个方法是与厂址所在区域的特征及目前的技术水平是相适应的
修订版本	3.5.8 评价厂址适宜性时，需要考虑外部危险和厂址特征随时间的变化。考虑到潜在变化预测中的不确定性，必须在确定相关厂址特定设计参数的过程中，留有适当的安全裕度
修订原因	引用 IAEA No.SSR-1 第 4.21 条“必须使用从危害表征中获得的关于外部事件频率和严重性的信息来确定厂址特定设计参数。在确定厂址特定设计参数时，必须充分考虑偶然的不确定性和认知的不确定性。” 新增对不确定性和裕度的要求。这些不确定性的要求在后续具体要素评价时也有体现，匹配 2.3 的要求“明确设计参数的确定是由外部灾害的特征确定的。且应该详细考虑其不确定性。” 删除“必须证明这些方法与厂址所在的区域内特征及目前的技术水平是相适应的。”但需要知道在目前技术水平下这些方法是合适的。 由于现有 PSA 证据表明内部事故和外部事件引发的辐射风险量级相当，故删除“由外部事件引起的辐射风险不应超过由内部事故所引起的辐射风险。” 将 IAEA No.SSR-1 要求 10“危害和厂址特征随时间的变化必须根据外部危害和厂址特征随时间变化的可能性对其进行评估，而且必须评价这些变化的潜在影响。” 4.34 必须确定能够随时间变化并可能影响核设施安全的厂址特征及自然和人为外部危害。这些变化的潜在后果必须针对核设施的计划寿期进行适当评估

续表

修订原因	4.35　必须通过相关厂址特定设计参数中适合的安全裕度适当地考虑外部危害和厂址特征随时间的任何潜在变化预测中的不确定性。缩减为 3.5.8 节

3.6　核动力厂对人员和环境的潜在影响

HAF101-1991 版本将核电厂对区域的影响作为一章节（3.4），将人口因素和应急计划准则作为一章节（3.5）。

依据修订版 3.2.2 节，修订版本将核动力厂对人员和环境的潜在影响作为一章节（3.6），将应急响应行动的可实施性作为一章节（3.7）。

对人员和环境的潜在影响在此作原则性说明，详细要求见 5.2 节。

HAF101-1991 版本	3.4.1　评价核电厂在运行状态和可能导致需要采取应急措施的事故状态下对厂址所在区域的辐射影响时，在考虑核电厂及其安全设施的设计后，必须恰如其分地估计预计的或潜在的放射性物质的释放。评价厂址时，通常把这些放射性释放物作为辐射源项看待
修订版本	3.6.1　确定核动力厂在运行状态和事故工况（包括可能需要采取应急响应行动的事故工况）下对所在区域可能产生的放射性影响时，必须考虑核动力厂的设计及其安全特性，对放射性物质的潜在释放做出适当的评估
修订原因	引用 IAEA No.SSR-1 要求 12“核设施对人和环境的潜在影响确定核设施在运行状态和事故（包括可能需要采取应急响应行动的事故）工况下对所在地区可能产生的

续表

修订原因	放射性影响时，必须考虑到核设施的设计及其安全特性对放射性物质的潜在释放作出适当的估计。” 删除“评价厂址时，通常把这些放射性释放物作为辐射源项看待。”

HAF101-1991 版本	3.4.3　必须考查核电厂设计和厂址之间的关系，以保证将由源项所确定的放射性物质释放给公众和环境带来的辐射风险降低到可接受的程度
修订版本	3.6.2　选址阶段，必须通过考虑选址假想事故场景（包括由此产生的源项）和在厂址所在区域实施核事故应急预案的可行性，来评估核动力厂对人员和环境的潜在影响。一旦核动力厂设计及其安全特性确定后，必须确认这些评估
修订原因	引用 IAEA No.SSR-1 第 4.38 条“必须通过考虑假想事故情景（包括由此产生的源项）估计核设施对人和环境的潜在影响，并考虑在厂址和厂外区规划有效应急响应行动的可行性。这些估计必须在核设施的设计及其安全特性确定后予以确认。” 采用“核事故应急预案”的描述，与《核安全法》第五十五条保持一致。 将“放射性物质释放给公众和环境带来的辐射风险降低到可接受的程度。”修订为“评估核动力厂对人员和环境的潜在影响”，并说明采用核设施的设计基准事故进行评估。 将 HAF101-1991 版本的 3.4.2 和 3.4.3 顺序予以对调

HAF101-1991 版本	3.4.2　必须评定从核电厂释放的放射性物质可能到达并影响人的直接和间接的途径，在进行这种评定时，必须考虑区域和厂址的异常特征，并必须特别注意生物圈在放射性核素积累和输运中的作用
修订版本	3.6.3　必须评定核动力厂放射性释放可能对公众和环境产生影响的直接和间接途径。在进行该评定时，必须考虑厂址和区域的特定特征，包括该区域的人口分布，同时特别注意放射性核素在生物圈中的迁移和积累
修订原因	引用 IAEA No.SSR-1 第 4.39 条“必须确定和评价核设施放射性释放可能潜在影响公众和环境的直接和间接途径。在这项评价中，必须考虑具体的地区和厂址特征，包括所在地区的人口分布，并特别注意生物圈中放射性核素的迁移和积累。” 将“积累和运输”修订为“迁移和积累”，后者说法更为专业

HAF101-1991 版本	3.1.11　应考虑放射性排出流与非放射性排出流之间的相互作用的可能性。例如热或化学物质与放射性物质在液态排出流中的相互作用
修订版本	3.6.4　必须考虑放射性流出物与非放射性流出物之间相互作用的可能性
修订原因	引用 IAEA No.SSR-1 第 4.28 条“必须考虑放射性物质和非放射性物质之间相互作用的可能性，如由于热或放射性液体流出物中化学物质引起的相互作用。” 将 HAF101-1991 版本总准则中的 3.1.11 节修订至此。归类为核电厂对人员和环境的影响。采用 GB6249《核动力厂环境辐射防护规定》术语，将“放射性流出流”修订为“放射性流出物”

3.7 应急响应行动的可实施性

HAF101-1991 版本	3.5.3 考虑到对公众的潜在辐射后果和执行应急计划的能力，以及可能妨碍执行应急计划的任何外部事件的影响，必须在推荐厂址的周围建立外围地带。在核电厂开始建造前，必须确定在核电厂运行前在外围地带不存在妨碍制定应急计划的根本问题。为了恰当地执行这个要求： （1）必须采用合适的特定厂址参数对事故状态（包括严重事故）的放射性物质释放合理地作出评价； （2）必须评价应急计划的可行性，评价时要考虑下述与厂址有关的因素（a）人口密度和分布、离人口中心的距离、在紧急事件中难以隐蔽或撤离的居民组（例如在医院或监狱内的人员或放牧人群）以及在核电厂预计寿期内上述各项的变化；（b）特殊的地理特征，例如岛屿、山地地形、河流、当地的运输和通信网络的能力；（c）外围地带和区域的经济、工业、农业、生态和环境特征（在事故后的中、长期内快速评价有关放射性物质的沉降）
修订版本	3.7.1 必须评价应急响应行动在厂址所在区域的可实施性，评价时要考虑下述与厂址有关的因素： （1）人口及分布特征、在应急防护行动中难以隐蔽或撤离的居民组以及在核动力厂寿期内上述各项的变化； （2）特殊的地理特征，例如：岛屿、跨境及跨行政区划、山地地形、河流； （3）当地的运输和通信网络能力； （4）厂址所在区域的经济、工业、农业、生态和环境特征。 3.7.2 在评价应急响应行动的可实施性时，必须考虑外部事件对厂址所在区域基础设施的影响。 3.7.3 在评价中必须考虑位于同一厂址以及相邻或相近厂址的核设施，特别是那些可能同时发生事故的核设施

续表

修订原因	引用 IAEA No.SSR-1 要求 13：规划有效应急响应行动的可行性。 必须评价在厂址和厂外区规划有效应急响应行动的可行性，同时考虑到厂址和厂外区的特征以及可能妨碍在运行前建立完整应急安排的任何外部事件。 4.41　要求 13 也适用于可能需要采取应急响应行动的厂外区的基础设施。 4.42　必须根据第 GSR Part 7 评估规划有效应急响应行动的可行性。评估中必须考虑同一厂址和毗连或附近厂址上的核设施，特别强调可能发生并发事故的核设施。 4.43　在评价规划有效应急响应行动的可行性时，必须考虑外部事件与厂址和厂外区基础设施状况之间的任何因果关系。 因应急行动可行性主要受基础设施的影响，导致可能涉及跨境及跨行政区划的应急考虑，在 3.7.1（2）中增加“跨境及跨行政区划”的描述。 结合 IAEA No.SSR-1 文件，在 3.7.3 节增加了相邻或相近核设施的相互影响的评估要求。目前国内没有相关法律法规对同一厂址、邻近厂址、临近区域进行准确定义，但国内存在核电厂同一厂址建设多台机组或厂址较近的情况，如秦山一至三期厂址，岭澳大亚湾厂址等，可能导致各核动力厂营运单位及相关技术支持单位理解存在偏差。且未查询到国际对此有完整的定义，故采用“相邻或相近核设施”进行描述。因并发限定时间范围过窄，如福岛事故中各机组是共同原因造成的先后发生失去冷却功能。将“可能并发的事故”修改为“受共因影响同时或短时间内先后发生事故”。 将“考虑到对公众的潜在辐射后果和执行应急计划的能力”修订为“必须评价在厂址和厂外区规划有效应急响应行动的可行性”

续表

修订原因	删除 HAF101-1991 版本建立外围地带的要求，目前相关法律法规对核动力厂周围的外围地带并没有严格定义，而是考虑应急计划区的设置

3.8 其他方面的考虑

HAF101-1991 版本	3.1.10 在分析所选厂址是否合适时，必须考虑新燃料、乏燃料及放射性废物的贮存和运输等问题
修订版本	3.8.1 厂址评价必须考虑外部自然和人为事件影响同一厂址和邻近厂址上多个核设施的可能性。 3.8.2 厂址评价必须考虑可能影响最终热阱可用性和可靠性的特定外部自然和人为事件。 3.8.3 对厂址进行评价时，必须统筹考虑新燃料、乏燃料及放射性废物的贮存和运输等问题。 3.8.4 如确需采用厂址防护措施，在评价外部事件灾害性后果严重程度时，必须恰当考虑其不确定性。厂址防护措施应根据其安全重要性进行分类、设计、建造、维护和操作
修订原因	修订版 3.8.1 引用 IAEA No.SSR-1 要求 9：同一厂址或毗连厂址上多个核设施的厂址评价必须考虑自然和人为外部危害影响同一厂址和毗连厂址上多个核设施的可能性。 修订版 3.8.2 引用 IAEA No.SSR-1 要求 11：对需要最终热阱的核设施关于最终热阱的特殊考虑。 对需要最终热阱的核设施的厂址特定自然和人为外部危害的评价必须考虑可能影响最终热阱可用性和可靠性的危害

续表

修订原因	4.36 对于考虑中的最终热阱，必须酌情评价以下数据： （a）气温和湿度； （b）水深和温度； （c）水质特征，包括浊度、悬浮固体、漂浮碎片以及化学和生物化学变化（自然和人为变化）； （d）水流的可得性和可持续性（对于河流）、最低和最高水位以及与安全相关的冷却水供应处于最低水位的时间段，同时考虑水控制结构失效的可能性。 4.37 必须确定和评价所有可能导致最终热阱丧失的自然和人为外部事件。 关于最终热阱的考虑为新增内容，主要是强调保障最终热阱的可用性和可靠性。如近些年出现的生物堵塞热阱的情况（如 3.2.7 节修订原因）、取水结构或上部桥梁失效导致最终热阱安全、取水结构布置形式（昌江取水头部改装）、漂浮物的影响、深度和水流量等。 但并未保留上述全部要求，仅进行原则性描述，具体内容调整至导则修订时予以考虑。 3.8.3 保留 HAF101-1991 版本 3.1.10 节，归类至此。 3.8.4 引用 IAEA No.SSR-1 第 4.31 节“如果需要实施厂址保护措施，则在评价描述自然和人为外部危害严重性的参数极值时，必须适当考虑各种不确定性。厂址保护措施必须根据其安全重要性进行分类、设计、建造、维护和运作。”

3.9 厂址评价中的资料收集

HAF101-1991 版本	3.2.3 必须收集厂址所在区域内发生过的上述重要自然现象及其严重程度的历史资料，并认真分析其可靠性、准确性和完整性

续表

HAF101-1991 版本	3.2.7 在确定设计基准事件时，必须采用该厂址的特定资料；对无法获得的资料，则可采用与该厂址所在区域相类似的其他区域适用的数据资料。 3.3.3 必须收集有关上述重要人为事件的发生频率和严重程度的资料，并分析其可靠性、准确性和完整性
修订版本	3.9.1 必须收集必要的数据，用于评估自然和人为外部危险，以及评估环境对核动力厂安全的影响和核动力厂对公众和环境的影响。 3.9.2 必须在核动力厂的整个寿期收集可能影响核动力厂安全的自然和人为外部危险的资料。必须定期维护和审查资料，在必要时作为核动力厂定期安全审查中厂址评价审查的一部分
修订原因	本次修订着重增加了对相关资料的要求。对外部事件、公众和环境调查等做了原则性规定。但 IAEA No.SSR-1 中要求的资料目标、范围和深度、过程等相关内容并未采纳。 针对 HAF101-1991 版本 3.2.7 规定在修订版 3.2.4 中进行了规定，归类为厂址适宜性。 修订版 3.9.2 提出了对资料维护的要求，目的是在定期审查和延寿时可以作为审查依据。资料维护需考虑自然和人为因素的变化，还应考虑法律、法规/标准的变化对相关参数或评价范围的影响

4 外部事件评价要求

由于近些年我国核动力厂选址过程中对《核电厂厂址选择安全规定》（HAF101）的使用尚未出现显著不符合实

际的规定，故本章针对外部事件评价要求修订主要原则是保留 HAF101-1991 版本常见要素的评价的结构和内容，加入需要评价的新要素和相关事件组合的概念。

本章内容提出外部事件相关要素评价的具体要求。HAF101-1991 版本本章结构为由降水和其他原因引起的洪水、因地震引起的波浪、因挡水构筑物受破坏引起的洪水及波浪、地表断裂、斜坡不稳定性、地面塌陷沉降或隆起、地震、基土液化、龙卷风、热带气旋、其他重要自然现象和极端条件、飞机坠毁、化学品爆炸、影响堆芯长期排热的厂址参数、其他重要的人为事件、基土性能。

修订版将外部自然事件和人为事件的评价准则重新归类：地震（能动断层和地震动）、火山灾害、气象（极端气象和罕见气象事件）、洪水（降雨和其他原因引起的洪水、因地震或其他地质现象导致的洪水波和挡水构筑物溃决导致的洪水和波浪）、影响堆芯长期排热的厂址参数、岩土工程和工程地质［岩土工程特性和基土性能、岩土工程灾害和地质灾害（边坡失稳、地表塌陷、沉降或隆起、基土液化）］、外部人为事件评价（飞机坠毁、化学危害）等大类，新增部分为闪电、火山、电磁干扰等相关外部事件的要求。

4.1 地震

HAF101-1991 版本	4.4 地表断裂 4.4.1 必须调查研究在厂址及其邻近地区是否发生过地表断裂现象

续表

HAF101-1991 版本	4.4.2　如果根据上述调查结果查明有地表断裂现象存在，则必须对其进行审查，以确定它们是否能在地表或接近地表处引起明显的错动。只有在对那些可能影响厂址地面的断层进行调查之后，才能判断该厂址是否适宜。在评价地表断裂现象时，应考虑证据的充分程度以及调查的范围和采取的方法。 4.4.3　对厂址及其邻近地区的地表断裂现象的调查必须包括： （1）审查厂址的断裂或走向朝着厂址的断层； （2）采用适当的和公认的技术及方法，对勘察到的任何断层的活动性及其错动历史作出全面评价； （3）评价与断层（包括可能的次生地表断裂）有关的地带的范围大小。 4.4.4　如果厂址位于在地表或接近地表处可能产生明显的错动的地表断裂带内，则必须认为这个厂址是不合适的，除非能证明所采取的工程措施是切实可行的
修订版本	4.1.1　能动断层 4.1.1.1　必须对大于一定规模且离厂址一定距离内对安全至关重要的断层进行评价，以确定这些断层是否应被视为能动断层。对于能动断层，必须评价地面运动和（或）断层位移危害对核动力厂安全的潜在威胁。 4.1.1.2　必须评价厂址地表断层活动的可能性（即断层能动性）。所采用的方法和进行的调查必须足够详细，以便能够根据能动断层的定义作出合理的鉴定。断层能动性调查必须包括： ① 通过厂址附近地区的或走向指向厂址的断层； ② 评价断层可能影响的范围大小

续表

修订版本	4.1.1.3　基于地质、地球物理、大地测量或地震的资料（包括古地震和地形地貌资料），如果符合下述条件之一，则认为该断层为能动断层： ① 如果有证据表明：断层在晚更新世 Q3（约 10 万年）以来有过活动〔如显著的形变和（或）位移〕，并可据此合理推断未来在地表或近地表能够再次出现这种活动，则认为该断层属于能动断层； ② 如果断层和一个已经被证明的已知能动断层具有构造联系，当这一能动断层活动时可引起该相关断层在地表或近地表活动； ③ 如果与某一发震构造相关的最大潜在地震足够大，并且震源位于某一深度，在核动力厂所在区域的构造运动背景条件下，可据此合理推断出地震发生时将会产生地表或近地表处破裂。 4.1.1.4　如果有可靠证据表明存在对核动力厂安全构成潜在影响的能动断层，且无法通过工程措施解决，则必须考虑另选厂址
修订原因	将地表断裂修改为能动断层（Capable Fault），《核电厂厂址选择中的地震问题》（HAD101/01-1994）已经定义了能动断层：在地表或接近地表处有可能引起明显错动的断层。美国原子能委员会 1973 年发表的“核电站地震与地质选址标准”中首先使用了“能动断层”概念，并被国际原子能机构（IAEA）采用。 4.1.1.1　和 4.1.1.2 引用 IAEA No.SSR-1 要求 15：断层能动性评价 必须对大于一定规模且离厂址一定距离内对安全至关重要的地质断层进行评价，以确定这些断层是否应被视为能动断层。对于能动断层，必须评价地面运动和（或）断层位移危害对核设施安全的潜在挑战

续表

修订原因	5.2　必须确定和评价能动断层。评价必须考虑厂址附近的断层特征。使用的方法和进行的调查必须充分详细，以支持安全相关决策。 4.1.1.3　引用自 2016 版报批稿 3.1.6，是在 IAEA No.SSR-1 基础上，基于我国能动断层调查评价经验，给出了能动断层判断的量化标准：断层在晚更新世 Q3（约 10 万年）以来有过活动〔如显著的形变和（或）位移〕。匹配现行标准《核电厂地表调查与评价规范》（GB/T 50572—2010）4.6.2 中规定“断层晚更新世（约 10 万年）以来”。 对构成潜在影响的能动断层的评价，需要综合考虑断层年代、尺度、距离等因素，详细要求在下属导则中予以明确。 4.1.1.4　引用 IAEA No.SSR-1 第 5.4 节“当有可靠证据表明存在能动断层，从而有可能影响核设施的安全并且无法通过厂址保护措施与核设施的设计特点相结合来弥补时，提议的新厂址必须被视为不适合。如果在现有核设施厂址附近发现能动断层，在核设施的安全性无法得到证明情况下，则该厂址必须被视为不适合。”

HAF101-1991 版本	4.7　地震 4.7.1　对推荐厂址必须进行工程地质和区域地质及地震（包括诱发地震）的评价。 4.7.2　必须收集区域内历史的和仪器记录的地震资料，并必须形成文件。 4.7.3　必须根据区域的地震构造评价确定设计基准地震。必须评定最大历史地震烈度和推定潜在地震。 4.7.4　必须考虑区域地震构造特征和特定的厂址条件，以确定厂区地震的设计基准地面运动。这一设计基准地

续表

HAF101-1991 版本	面运动即为最大的潜在地面运动。发生这种地面运动时，主要考虑因素是保护公众免受辐射后果的影响。通常还规定另一个地面运动，如果超过这一运动，必须根据需要对核电厂进行检查。这些运动应采用合适的参数（例如地震烈度、地面加速度、不同阻尼系数的频率反应谱的包络线、振动持续时间以及时程曲线）来表示。基于地震构造评价的概率法，可作为补充方法，以推导、校核和比较设计地面运动。 4.7.5　对于那些虽不属于核电厂，但其事故可能会危及核电厂安全并可能使辐射后果扩大到不可接受程度的构筑物，必须采用与确定核电厂设计基准同样的方法确定这些构筑物有关地震的设计基准地面运动，并必须评价其对这些构筑物的影响
修订版本	4.1.2　地震动 4.1.2.1　对推荐厂址必须进行工程地质和区域地质及地震（包括诱发地震）的评价。 4.1.2.2　必须收集区域内历史的和仪器记录的地震资料，并必须形成文件。 4.1.2.3　必须根据区域的地震构造评价确定设计基准地震。必须评定最大历史地震烈度和推定潜在地震。 4.1.2.4　必须考虑区域地震构造特征和特定的厂址条件，以确定核动力厂的设计基准地震动。发生这种地震动时，对于核动力厂而言主要考虑因素是保护公众和环境免受辐射后果的影响。通常还规定另一个地震动，如果超过这一地震动则必须根据要求对核动力厂进行检查。这些地震动应采用合适的参数（例如地震烈度、地面加速度、加速度反应谱、振动持续时间以及时程曲线）来表示。基于地震构造评价的确定性法和概率法，可互为补充，推导、校核和比较设计基准地震动，以提供在

续表

修订版本	核动力厂寿期内进行确定性和（或）概率安全分析所需的输入。 4.1.2.5　对于受损后可能会危及核动力厂安全并可能使辐射后果扩大到不可接受程度的建构筑物，必须采用与确定核动力厂设计基准地震动同样的方法确定这些建构筑物的设计基准地震动，并必须评价其对这些建构筑物的影响
修订原因	基本保留了 HAF101-1991 版本的结构和内容，仅在 4.1.2.4 节进行了部分修改。 将“基于地震构造评价的概率法，可作为补充方法，以推导、校核和比较设计地面运动。”修订为“基于地震构造评价的确定法和概率法，可互为补充，推导、校核和比较设计基准地震动，以提供在核动力厂寿期内进行确定性和（或）概率性安全分析所需的输入。”根据近些年核动力厂营运单位相关厂址选址安全分析报告实践，确定性方法和概率性方法共用已成为主要分析手段，即各营运单位进行厂址选择时，均已采用确定性和概率性方法相结合的方法对地震动进行评价并确定设计基准输入，但不能描述为以确定性方法为主，概率性方法为补充的方式进行，不是将概率性方法作为补充方法进行分析评价。所以修改为互为补充；现地震危险性分析方法已然成熟，通常经过地震安全性评价，并经过烈度委员会评定，最终确定设计基准。考虑到 HAF 体系文件作为强制性规定，其内容为必须满足的最低标准，并未强制要求必须进行确定性和概率性安全分析，而是采用“和（或）”的表达方式。 “公众免受辐射”修订为“公众和环境免受辐射”

4.2 火山灾害

HAF101-1991 版本	4.11 其他重要自然现象和极端条件 必须收集和评价对核电厂安全可能产生有害影响的有关现象的历史资料，如火山活动、大风、沙暴、暴雨、泥石流、降雪、冰冻、冰雹及地下潜冰等。如果肯定存在上述可能性，则必须确定有关这些事件的设计基准
修订版本	必须识别并评价核动力厂寿期内可能发生活动且对厂址安全有潜在影响的火山。评价中应按区域特征选取足够大的范围，以恰当考虑各种火山现象引起的灾害性后果。如果评价表明，存在对核动力厂安全构成不可接受影响的火山，则宜另选厂址
修订原因	IAEA No.SSR-1 中单独列出一节讨论对火山的要求，其配套安全导则《Volcanic Hazard in Site Evaluation for Nuclear Installations》（SSG-2012）也已发布，其具体内容为要求 17：必须对可能影响核设施安全的火山活动造成的危害进行评价。 5.6 必须确定和评价能动火山。评价必须考虑足够大规模地区的火山特征，以确保适当考虑有潜在危害的火山现象。 5.7 必须对能动火山的危害进行评价，以提供所需的输入来确定厂址特定设计参数或重新评价厂址以及在核设施寿期内进行确定性和（或）概率性安全分析。 5.8 如果有可证据表明存在能动火山，从而有可能影响核设施的安全，并且无法通过厂址保护措施与核设施的设计特点相结合来弥补，则拟议的新厂址必须被视为不适合的。 5.9 侧重于确定火山现象的地质特征及其空间范围的火山危害评价通常比侧重于估计危害现象发生可能性的评价更加确定。必须使用适当的资料、方法和模型对火山危害进行评价，并充分考虑到不确定性

续表

修订原因	5.10　必须考虑火山现象与其他火山诱发的危害相结合的影响。这必须包括对火山灰降落的考虑。 随着我国核动力厂厂址不断增多，可能存在对厂址有潜在影响的火山。有必要对火山对核动力厂影响的评价进行规定，但考虑到我国当前的技术发展程度和工程实践，目前很难确定火山灾害影响的设计基准，故仅保留厂址火山灾害影响评价的原则性要求

4.3　气象

HAF101-1991 版本	4.11　其他重要自然现象和极端条件 必须收集和评价对核电厂安全可能产生有害影响的有关现象的历史资料，如火山活动、大风、沙暴、暴雨、泥石流、降雪、冰冻、冰雹及地下潜冰等。如果肯定存在上述可能性，则必须确定有关这些事件的设计基准
修订版本	4.3.1　极端气象灾害 4.3.1.1　必须对可能影响核动力厂安全的极端气象灾害及其可能组合进行评估。 4.3.1.2　必须根据现有记录对风、降水、冰和雪、气温和水温、湿度、风暴潮和沙尘暴等气象现象及其可信组合进行极值评价。如有必要，必须通过纳入历史气候数据、数值模型和模拟等方式扩展气象灾害数据库。 4.3.1.3　必须采用适当的方法评价气象灾害，同时考虑可获得的数据（测量数据和历史数据）以及已知的区域内相关特征在过去的变化
修订原因	引用 IAEA No.SSR-1 要求 18：极端气象危害评价必须对有可能影响核设施安全的极端气象危害及其可能的组合进行评价

续表

修订原因	5.11 必须根据现有记录对风、降水、冰雪、空气和水温、湿度、风暴潮和沙尘暴等气象现象及其可信组合进行极值评价，如有必要，必须努力扩展气象危害数据库（例如，通过纳入历史气候数据、数值模型和模拟）。 5.12 必须采用适当的方法评价气象危害，同时考虑到现有数据（测量数据和历史数据）以及所在地区相关特征的已知过去变化。 本条的扩充主要是根据 IAEA 针对福岛核事故的经验反馈提出的改进，单一事件的评价不能保证核动力厂的足够安全，通过相关的事件组合确定设计基准是必要的，需要考虑极端外部事件组合的风险。也契合本次修订的思路（见 2.3 和 3.5.2）。 冰雹、结冰等考虑因素归类至 4.7 其他自然灾害的评价中。泥石流因素归类至 4.6 岩土工程和地质中

HAF101-1991 版本	4.9 龙卷风 4.9.1 对在厂址区域出现龙卷风的可能性必须作出评价。如果该地区曾经出现过龙卷风，则必须收集详细的历史资料。 4.9.2 如果该区域的历史资料不够充分，则应从具有类似气候特征又有龙卷风统计资料的其他区域收集资料予以补充。 4.9.3 必须确定有关龙卷风的设计基准，并采用例如旋转风速、平移风速、最大旋转风速半径、风压差和风压变化速率等表示。 4.9.4 在确定设计基准时，必须考虑由设计基准龙卷风卷起的飞射物的影响

续表

修订版本	4.3.2　罕见气象事件 4.3.2.1　龙卷风 ① 必须依据厂址区域详细的历史和仪器记录资料，评价该区域范围内发生龙卷风的可能性； ② 必须确定与龙卷风有关的各种危险性，并以旋转风速、平移风速、最大旋转风速半径、压差和压力变化率等参数来表示； ③ 在龙卷风危险性评价中，必须考虑龙卷风引发飞射物的影响
修订原因	修订内容引用 2016 版报批稿，IAEA No.SSR-1 第 5.14 节“必须对厂址龙卷风、飓风和相关飞射物发生的可能性及其频率和严重性进行评价。必须推测出与龙卷风和飓风有关的危害，并以旋转风速、移动风速、最大旋转风速的半径、压差和压力变化速率等参数的形式表示。”相比于 IAEA 原则性规定，本节基本沿用 2016 版报批稿的相关描述。并修改了相关术语，“风压差和风压变化速率”修订为“压差和压力变化率”

HAF101-1991 版本	4.10　热带气旋 4.10.1　必须对厂址区域出现热带气旋的可能性作出评价。 4.10.2　在评价中若证明在厂址区域有出现热带气旋的可能性，则必须收集有关资料。必须根据收集到的资料和适当的物理模型，确定厂址有关热带气旋的设计基准。 4.10.3　有关热带气旋的设计基准应包括极端风速、风压和降水量等因素。 4.10.4　在确定设计基准时，必须考虑由设计基准热带气旋卷起的飞射物的影响

续表

修订版本	4.3.2.2 热带气旋 ① 必须评价厂址所在区域内发生热带气旋的可能性。如果评价表明厂址所在区域内存在发生热带气旋的证据或有发生热带气旋的可能性，则必须收集相关资料； ② 必须根据可用资料和适当的物理模型确定与厂址有关的各种热带气旋危险性。热带气旋的这些危险性包括诸如极端风速、气压和降雨量等； ③ 在热带气旋危险性评价中，必须考虑热带气旋可能引发飞射物的影响
修订原因	引用 2016 版报批稿 3.2.5 热带气旋 （1）必须评价厂址所在区域内发生热带气旋的可能性。如果评价表明，厂址所在区域内存在发生热带气旋的证据或有发生热带气旋的可能性，则必须收集相关资料； （2）必须根据可用资料和适当的物理模型确定与厂址有关的各种热带气旋危险性。热带气旋的这些危险性包括诸如极端风速、气压和降雨量等； （3）在热带气旋危险性评价中，必须考虑热带气旋可能引发飞射物的影响。 修订原则同 4.3.3.1

HAF101-1991 版本	无
修订版本	4.3.3.3 闪电 必须评价厂址闪电事件发生的可能性以及发生的频率与严重性

续表

修订原因	本次新增内容。引用 IAEA No.SSR-1 要求 19：罕见气象事件评价 5.13 必须对厂址附近闪电出现的可能性及其频率和严重性进行评价

4.4 洪水

HAF101-1991 版本	4.1 由于降水和其他原因引起的洪水 4.1.1 必须评价厂址所在区域因降水、高水位、高潮位引起的并影响核电厂安全的洪水泛滥的可能性。如果存在这种可能性，则必须收集并鉴别包括水文和气象历史数据资料在内的全部有关数据资料。 4.1.2 考虑到上述数据资料在数量及准确性方面的局限性、积累这些数据资料的历史时间的长短以及所有已知的该区域有关特征的历史变化等因素，必须建立合适的气象和水文模型。并根据此模型确定设计基准洪水。 4.1.3 设计基准洪水必须包括水位（包括波高）、洪水持续时间及其流态。 4.1.4 对沿海厂址及类似厂址，必须审查因高潮位、风对水体的影响及波浪作用的综合因素引起洪水泛滥的可能性，并必须确定有关洪水的设计基准
修订版本	4.4.1 降雨和其他原因引起的洪水 4.4.1.1 必须评估由一种或多种自然原因导致厂址附近地区发生洪水的可能性，如：极端降雨、风暴潮、风浪、海啸或假潮或者上述具有共因（或相对发生频率较高）事件的组合。如果存在这种可能性，则必须收集并鉴别包括水文和气象历史数据资料在内的全部有关数据资料

续表

修订版本	4.4.1.2　必须考虑到上述资料在数量和准确性方面的局限性、积累这些数据资料的历史时间长短以及所有已知的该区域有关特征的历史变化等因素，如有必要，必须收集相关历史洪水和古洪水研究资料用于河流洪水发生频率及量级的估算。必须开发恰当的气象、水文、水力模型用于厂址洪水灾害评估，包括杂物、冰、泥沙淤积等次生影响，并根据此模型确定设计基准洪水。 4.4.1.3　设计基准洪水必须包括水位（包括波高）、洪水持续时间及其流态。 4.4.1.4　对沿海厂址及类似厂址，必须审查因高潮位、风对水体的影响及波浪作用的综合因素引起洪水泛滥的可能性，并必须确定有关洪水的设计基准。 4.4.1.5　必须评估海岸或河道由淤积和侵蚀导致不稳定的可能性
修订原因	引用 IAEA No.SSR-1 要求 20：洪水危害评价必须对洪水造成的危害进行评价，同时考虑自然和人为诱发的事件（包括其可能的组合）。由于降水和其他自然原因造成的洪水。 5.15　必须评价厂址周围地区由于以下原因发生洪水的可能性：由于一种或多种自然原因，如风暴潮、风力产生的波浪、气象海啸或湖震或极端降水，或由于具有共同原因或相对较高的发生频率的这些事件的组合。 5.16　必须开发适当的气象、水文和水力模型，以推导出厂址的洪水危害，包括碎片、冰和沉积物等次生效应。在可能的情况下，必须利用历史洪水和史前洪水研究的相关资料为估计河流洪水的频率和规模提供信息。 5.17　必须调查因侵蚀或沉积作用导致海岸区或河道不稳定的可能性

续表

修订原因	本节基本沿用 HAF101-1991 版本的结构，但强调了关于洪水可能的事件组合的要求，采纳了 5.17 作为新增内容，要求评价侵蚀或沉积导致海岸区或河道不稳定的情况

HAF101-1991 版本	4.2 因地震引起的波浪 4.2.1 必须评价厂址所在区域是否存在影响核电厂安全的海啸或湖涌的可能性。 4.2.2 如果存在上述可能性，就必须收集厂址所在的沿岸区域产生海啸或湖涌的历史资料。并且必须鉴别其可靠性及其与厂址的关系。 4.2.3 必须根据可收集的厂址所在区域的历史资料，并与对此自然现象作过仔细研究的类似区域比较，估算出厂址所在区域的海啸或湖涌的高度、发生频率及大小，并必须根据这些结果，同时考虑因厂址沿岸的地形而使这些自然现象放大的因素，确定设计基准海啸或湖涌。 4.2.4 必须根据已知的地震记录资料及地震构造特性，评价由区域的离岸地震活动引起海啸或湖涌的可能性。 4.2.5 有关海啸或湖涌的设计基准应包括对厂址可能产生物理效应的水位下降和爬高且必须根据上述资料确定海啸或湖涌的设计基准
修订版本	4.4.2 因地震或其他地质现象导致的洪水波 4.4.2.1 必须评估当地可能危及核动力厂安全的海啸和假潮，那些在当地由非地震原因引起的海啸和假潮（如海底滑坡）也必须适当予以评估。 4.4.2.2 如果存在上述可能性，就必须收集厂址所在的沿岸区域产生海啸或假潮的历史资料，并且必须鉴别其可靠性及其与厂址的关系

续表

修订版本	4.4.2.3　必须采用近岸水深、海底地形资料，借鉴类似区域的研究成果，估算厂址所在区域的海啸或假潮的高度、频率及大小，同时考虑海岸形态（包括人工构筑物）引起的放大效应，在适当区域评估当地海啸和假潮所导致的灾害，确定设计基准海啸或假潮。 4.4.2.4　必须根据已知的地震记录资料及地震构造特征，评价由区域的离岸地震活动引起海啸或假潮的可能性。 4.4.2.5　有关海啸或假潮的设计基准应包括在厂址上引起波浪爬高和下落的物理作用的可能性，并且必须根据上述资料确定海啸或假潮的设计基准
修订原因	引用 IAEA No.SSR-1 地震引发的波浪或其他地质现象 5.18　必须评价所在地区可能影响核设施安全的海啸或假潮的可能性。必须酌情对所在地区进行震源以外现象（如水下滑坡）引发海啸或假潮的可能性评价。 5.19　必须根据历史记录和史前洪水的任何可用信息以及物理和（或）分析模型推导与海啸或湖震有关的危害。这些危害必须包括可能导致对厂址造成实际影响的潜在水位下降和急剧上升。 5.20　必须利用近岸海洋测深学和海岸地形学酌情对所在地区进行与海啸或假潮有关的危害评价，同时考虑到由于沿海构造（包括人工结构）而产生的任何放大效应。 考虑到波作为一种运动特征，浪表达这种运动的特定现象。“因地震引起的波浪”修订为“因地震或其他地质现象导致的洪水波”。 seiches 一词译为假潮更为合适，是指在外力激发下，海湾（或湖泊）中的水体产生与水域固有振动有关的振动（C・B・Officer.1974）。大振幅假潮可引起水位的急骤升高或降低现象。因此，将 HAF101-1991 版本中的“湖涌”修订为“假潮”

续表

修订原因	加入了“由非地震原因引起的海啸和假潮（如：海底滑坡）”，根据海啸定义，除海底地震外，认为海底滑坡和海底火山也可能引发海啸。2022 年 1 月 15 日汤加火山爆发引发海啸就是一个很好的例子

HAF101-1991 版本	4.3　因挡水构筑物受破坏而引起的洪水及波浪 4.3.1　必须分析上游挡水构筑物的资料，以确定当上游一个或几个挡水构筑物在满库容情况下遭到破坏时，核电厂能否经受住该事件所产生的影响。 4.3.2　如果核电厂能够安全地经受住上游一个或几个挡水构筑物的巨大破坏所产生的全部影响，则不需要对该挡水构筑物作进一步的审查。 4.3.3　如果对核电厂所作的初步审查表明该核电厂不能安全地经受上游挡水构筑物的巨大破坏的全部影响，就必须改变核电厂的有关设计基准，以使核电厂能安全地经受住这些影响；否则必须采用与上述确定核电厂设计基准相同的方法来分析上游的这些挡水构筑物，以证明这些挡水构筑物能够经受住相应的事件。 4.3.4　必须查明各条河流上游或下游因暂时堵塞（如由于滑坡、冰堵）而使推荐的厂址发生洪水泛滥和有关现象的可能性
修订版本	4.4.3　挡水构筑物溃决导致的洪水和波浪 4.4.3.1　必须分析上游水工构筑物的资料，以确定当上游一个或多个挡水构筑物溃决可能导致的灾害，包括与其他原因洪水的组合。 4.4.3.2　如果核动力厂能够安全经受住上游一个或多个挡水构筑物溃决所产生的全部影响，则不需要对该水工构筑物作进一步的审查

续表

修订版本	4.4.3.3　如果对核动力厂所作的初步审查表明该核动力厂不能安全地经受上游挡水构筑物溃决的全部影响，则必须评估这类作用对核动力厂产生的风险。否则，必须采用与确定核动力厂相关风险相同的分析手段对上游构筑物进行分析，以证明这些水工构筑物能够经受住相应的事件。 4.4.3.4　必须查明各条河流上游或下游堵塞导致的蓄水（如由于滑坡或冰导致的堰塞湖）、土地利用变化导致的洪水和相关事件
修订原因	IAEA No.SSR-1 挡水结构失效引发的洪水和波浪 5.21　必须对上游控水结构（如大坝）进行分析，以确定与一个或多个上游结构失效相关的潜在危害，包括与其他原因引发的洪水相结合的潜在危害。 5.22　如果对核设施的初步检查表明，它不能安全地承受一个或多个上游控水结构失效的影响，则与核设施相关危害的评价必须包括这些影响。或者，这种上游结构必须通过在确定与核设施相关的危害时所采用的相同方法进行分析，以证明上游结构能够经受住相关事件。 5.23　必须考虑因河流上游或下游堵塞（如滑坡或冰块所致）或因土地使用变化而引起的水积聚造成的洪水和相关现象。 本节基本沿用 HAF101-1991 版本的结构，强调了可能的事件组合的要求，即“与其他原因洪水的组合。” 在 4.4.3.4 节增加了“土地利用变化”导致的洪水和相关事件

4.5 影响堆芯长期排热的厂址参数

HAF101-1991 版本	4.14 影响堆芯长期排热的厂址参数 4.14.1 在进行堆芯长期排热的方案设计时，应考虑下列厂址参数： （1）干球和湿球空气温度； （2）与安全有关的冷却水源的可用流量、最低水位及最低水位的持续时间，并应考虑挡水构筑物遭破坏的可能性。 4.14.2 必须一一查明那些会使堆芯长期排热所需的系统丧失功能的可能的自然事件和人为事件，例如河流阻塞或改道、水库放空、水库或冷却塔因冻结或结冰而阻塞、船只碰撞、油料溢出及起火等。如果不能将发生这类事件的概率及其后果减少到可以接受的水平，则在确定核电厂设计基准时必须考虑这些事件。 4.14.3 如果不能在所有情况下都能保证应急堆芯冷却和堆芯长期排热的最小供水量，则必须认为该厂址是不合适的
修订版本	4.5.1 在进行堆芯长期排热的方案设计时，应考虑下列厂址参数： （1）干球和湿球温度、湿度； （2）水质特征，包括：浊度、悬浮固体、漂浮碎片以及化学和生物化学变化（自然和人为变化）； （3）与安全有关的冷却水源的可用流量、最低水位及最低水位的持续时间，并应考虑挡水构筑物失效的可能性。 4.5.2 必须一一查明那些会使堆芯长期排热所需的系统丧失功能的可能的自然事件和人为事件，例如：河流阻塞或改道、水库排空、水生物或异物（如水母、鱼虾、浒苔和秸秆）聚集、水库或冷却塔因冻结或结冰而阻塞、船只碰撞、油料溢出及起火等。如果不能将发生这类事件的概率及事件后果减少到可以接受的水平，则在确定核动力厂设计基准时必须考虑这些事件

续表

修订版本	4.5.3　如果不能在所有情况下都能保证应急堆芯冷却和堆芯长期排热的最小供水量，则必须认为该厂址是不合适的
修订原因	增加“湿度、(2) 水质特征，包括：浊度、悬浮固体、漂浮碎片以及化学和生物化学变化（自然和人为变化）、水生物或异物聚集”等内容

4.6　岩土工程和工程地质

本节分为4.6.1岩土工程特性和基土性能和4.6.2岩土工程灾害和地质灾害。其中4.6.1为新增内容，4.6.2包括边坡失稳和地表塌陷、沉降或隆起。

HAF101-1991 版本	4.16　基土性能 4.16.1　基土可能由于传输超过核电厂构筑物设计限值的地面运动，或由于下沉或滑动，使核电厂构筑物所受的应力超过设计限值而影响安全。必须调查基土的土工特征，并必须评价厂址的设计基准基土剖面图。 4.16.2　必须评定基土的静态和地震荷载下的稳定性
修订版本	4.6.1　岩土工程特性和基土性能 4.6.1.1　必须对岩土工程特性和基土性能进行调查，并在考虑基土的不确定性和可能的变化的基础上，确定厂址的岩土剖面。 4.6.1.2　必须确定厂址基土的静态和动态岩土工程特性，包括回填材料。必须采用适当的取样技术和充分的试验，通过实验室和现场测试的方法来确定厂址基土的每个参数

续表

修订版本	4.6.1.3　必须评价基土的稳定性和承载能力，评价中应考虑在静态和地震荷载下可能发生的沉降。 4.6.1.4　必须通过适当的方法研究基土和地下水的物理和地球化学性质，并在厂址基土评价时予以考虑
修订原因	引用 IAEA No.SSR-1 要求 21：岩土工程特性和地质特性必须调查地下材料的岩土工程特性和地质特性，而且必须推导出考虑地下材料可变性和不确定性的厂址土壤和岩石剖面。 5.24　必须确定厂址基土材料（包括任何回填材料）的静态和动态岩土工程特性和地质特性。必须结合适当的取样技术和充分重复每次试验，使用实验室方法和基于现场的方法来表征厂址地下材料的每个参数。 5.25　必须对基础材料的稳定性和承载能力进行评估，包括考虑在静态和地震荷载下过度沉降的可能性。 5.26　必须通过适当的方法研究并在厂址地下材料的评价中考虑土壤和地下水的物理和地球化学性质。厂址工程地质条件十分重要，其必须通过勘察确定厂址基土的岩土工程特性和地质特性，工程场地的勘察是重中之重。区别于地震地质，工程地质主要是对工程场地的工程地质条件进行评价，解决与工程活动有关的工程地质问题。本次修订将其归类为“岩土工程和工程地质”，并扩充相关规定。包括岩土材料、稳定性、变形能力、承载能力、基土和地下水的物理和地球化学性质等

HAF101-1991 版本	无

续表

修订版本	4.6.2 岩土工程灾害和地质灾害 4.6.2.1 必须评价岩土工程灾害和地质灾害，包括边坡失稳、塌陷、沉降或隆起、基土液化等对核动力厂安全的影响
修订原因	引用 IAEA No.SSR-1 要求 22：岩土工程危害和地质危害评价必须评价岩土工程灾害和地质灾害，包括边坡失稳、坍塌、沉降或隆起、土壤液化及其对核设施安全的影响。 新增内容，但 HAF101-1991 版本 4.5 斜坡不稳定性、4.6 地表塌陷沉降或隆起、4.8 基土液化中包含了上述内容。本节综述考虑岩土工程灾害和地质灾害的内容

HAF101-1991 版本	4.5 斜坡不稳定性 4.5.1 必须评价厂址及其邻近地区，以确定影响核电厂安全的斜坡不稳性（如土和岩体滑移及雪崩）的可能性。 4.5.2 如果存在斜坡不稳定的可能性，则必须进行详细研究。研究中必须考虑发生设计基准地面运动（也常称为地震动）时引起斜坡不稳定性的可能性。由于在评价岩、土特性时存在不确定性因素，评价斜坡不稳定性时必须留有安全裕度。 4.5.3 如果存在斜坡不稳定的可能性，则在确定设计基准时必须考虑斜坡不稳定性及设计基准地震事件的组合作用
修订版本	4.6.2.2 边坡失稳 如果存在边坡失稳的可能性，则必须进行详细研究： （1）必须对厂址及其邻近地区进行评价，以确定影响核动力厂安全的、由自然或人为因素引发的边坡失稳（如滑坡、岩石坠落和泥石流等）的可能性。自然因素引起边坡失稳的因素应考虑极端气象条件和罕见气象事件、地震危险，以及土体和地下水特征

续表

修订版本	（2）由于在评价岩土特性时存在的不确定性因素，评价边坡失稳时必须留有安全裕度。 （3）如果存在边坡失稳的可能性，则必须使用厂址合适的地震危险性和土体及地下水特征参数来评价地震荷载引起的边坡失稳的可能性
修订原因	引用 IAEA No.SSR-1 边坡失稳 5.27　必须对厂址及其附近进行评价，以确定由自然或人为诱发现象造成的可能影响核设施安全的边坡失稳（如山体滑坡、落石和雪崩等）的可能性。在评价边坡失稳时，必须考虑厂址准备过程和之后的厂址配置。边坡稳定性评价还必须考虑极端气象条件和罕见的气象事件。 5.28　必须使用适合于描述地震危害以及厂址岩土和地下水特征的参数来评价地震荷载引起边坡失稳的可能性。 将“斜坡不稳定性”修订为“边坡失稳”。 将“土和岩体滑移及雪崩”修订为“滑坡、岩石坠落和泥石流等”，并强调了“由自然或人为因素引发”。 保留了 HAF101-1991 版本关于评价岩土特性不确定性和评价的安全裕度的描述。 在考虑边坡失稳的设计基准时，采纳了 5.28 的描述，“地震危险性和土体及地下水特征参数”，还强调需考虑多种因素的组合

HAF101-1991 版本	地表塌陷、沉降或隆起 4.6.1　必须审查厂址地区的地质图及其他有关资料，以了解是否存在洞穴、岩溶等自然特征和水井、矿井、油井或气井等人为特征。必须评价地面塌陷、沉降或隆起的可能性

续表

HAF101-1991 版本	4.6.2　如果对厂址的评价说明存在着影响核电厂安全的地面塌陷、沉降或隆起的可能性时，则必须采取切实可行的工程措施，否则必须认为该厂址不合适。 4.6.3　如果采用的工程措施是可行的，则必须通过可靠的调查方法获得有关地下情况的详细资料，从而确定设计基准
修订版本	4.6.2.3 如果存在地表塌陷、沉降或隆起的可能性，则必须进行详细研究： （1）必须利用从可靠的调查方法获得的基土条件，评价地面塌陷、沉降或隆起的可能性，这些塌陷、沉降或隆起可能在核动力厂的运行寿期内影响核动力厂的安全。 （2）必须审查厂址地区的地质图及其他有关资料，以了解是否存在洞穴、岩溶等自然特征和水井、矿井、油井或气井等人为特征。 （3）如果厂址的评价说明存在着影响厂址安全的地面塌陷、沉降或隆起的可能性，则必须采取切实可行的工程措施，否则必须认为该厂址不合适。 （4）如果采用的工程措施是可行的，则必须通过可靠的调查方法获得有关地下情况的详细资料，从而确定设计基准
修订原因	IAEA No.SSR-1 厂址地表坍塌、沉降或隆起 5.29　必须使用从可靠调查方法获得的地下条件的详细描述来评价可能影响核设施寿期内安全的表面坍塌、沉降或隆起的可能性。 保留 HAF101-1991 版本规定的内容，根据我国工程实践调整了描述的顺序

HAF101-1991 版本	4.8 基土液化 4.8.1 必须采用厂址地区特定的地面运动来评价推荐厂址的基土液化的可能性。 4.8.2 基土液化的评价必须包括采用公认的基土勘察和分析方法，并留有安全裕度，以补偿在确定基土特性和计算方法上的不确定性。 4.8.3 如果存在不能接受的基土液化的可能性，而在工程技术上又无切实可行的解决办法，则必须认为该厂址不合适
修订版本	4.6.2.4 如果存在基土液化的可能性，则必须进行详细研究： （1）必须通过使用厂址特定的地震动和合适的岩土参数来评价厂址基土液化的可能性。 （2）基土液化的评价必须包括使用公认的现场和实验室测试方法，并结合分析方法进行危害评价，同时留有安全裕度，以补偿在确定基土特性和计算方法上的不确定性。 （3）如果存在不能接受的基土液化的可能性，而在工程技术上又无切实可行的解决方法，则必须认为该厂址是不合适的
修订原因	IAEA No.SSR-1 基土液化 5.30 必须使用适合于描述厂址地下材料的地震危害和岩土特性的参数来评价厂址地下材料液化和非线性效应的可能性。 5.31 基土液化的评价必须包括使用公认的现场和实验室测试方法结合各种分析方法来评估危害。 本节基本沿用 HAF101-1991 版本的结构，强调了分析方法所考虑的因素，将“基土勘察和分析方法”修订为“现场和实验室测试方法，并结合分析方法”；液化是内因（岩土参数）与外因（地震动）共同作用的结果，在新版中加入了“合适的岩土参数”

4.7 其他自然灾害的评价

HAF101-1991 版本	4.11 其他重要自然现象和收纳条件 必须收集和评价对核电厂安全可能产生有害影响的有关现象的历史资料，如火山活动、大风、沙暴、暴雨、泥石流、降雪、冰冻、冰雹及地下潜冰等。如果肯定存在上述可能性，则必须确定有关这些事件的设计基准
修订版本	对厂址区域内特有的、可能影响核动力厂安全的其他外部自然灾害，例如干旱、冰雹、结冰、河流改道、雪崩和水生物或异物聚集必须进行调查和评价，以确定有关这些事件的设计基准或设计参数
修订原因	IAEA No.SSR-1 要求 23：其他自然灾害评价 必须对所在地区特有的、可能影响核设施安全的其他自然现象进行调查。 5.32 必须确定和评估其他自然外部危害，如火灾、干旱、冰雹、结冰的形成、河流改道、岩体崩落和生物危害（如水母、动物和藤壶），以便可以得出这些危害的厂址特定设计参数。 根据实际经验，新增了水生物或异物、干旱、雪崩的描述。大风、暴雨等归类至气象一章，泥石流归类至岩土工程和工程地质一章，火山灾害单独一章。 根据征求意见，受限于目前厂址调查的能力和对水生物种群及其习性的认知能力，目前国内外对水生物现象制定设计基准的经验较为薄弱。且每个厂址面临的水生物各不相同，目前防护以设计措施加管理措施为主。关于水生物要求表述为“以确定有关这些事件的设计基准或设计参数。”

4.8 外部人为事件评价

HAF101-1991 版本	4.15 其他重要的人为事件 必须审查厂址区域(包括与核电厂有关的设施)内贮存、加工、运输或处理有毒、有腐蚀性或有放射性物质的设施,以防这些物质在正常工况或事故工况下一旦逸出时会对安全产生有害影响。这些审查还必须包括可能产生任何类型飞射物而影响核电厂安全的设施。如果这些影响能使放射后果的总风险增加到不能接受的程度而且在工程技术上又无切实可行的解决办法时,则必须认为该厂址是不合适的
修订版本	4.8.1 必须对厂址及所在区域与外部人为事件相关的危害进行评价。这些外部人为事件包括但不限于: (1) 与附近陆地、河流、海洋或航空运输有关的事件(例如碰撞和爆炸); (2) 附近工业设施产生的火灾、爆炸引起的飞射物和释放的有毒有害气体; (3) 电磁干扰; (4) 可能影响自然灾害类型或严重程度的人为活动均必须考虑。 4.8.2 如果这些影响能够使放射性后果的总风险增加到不能接受的程度,而且在工程技术上又无切实可行的解决办法时,则必须认为该厂址是不合适的。 4.8.3 有关化学品爆炸事件的设计基准,必须在考虑距离效应后以超压表示
修订原因	引用 IAEA No.SSR 第 15.33 节要处理的人为事件必须包括但不限于: (a) 与附近陆地、河流、海洋或航空运输相关的事件(例如碰撞和爆炸); (b) 厂址附近工业设施的火灾、爆炸、产生飞射物和有害气体释放;

续表

修订原因	（c）电磁干扰。 5.34　必须考虑可能影响自然危害类型或严重性的人类活动，如资源开采或其他重大土地重新平整或水库诱发的地震。 将外部人为事件进行分类考虑，并增加了“电磁干扰”。未采纳 IAEA 5.34 节相关要求，关于资源开采、土地重新平整或水库诱发地震等内容。总结为“可能影响自然灾害类型或严重程度的人为活动均必须考虑。”

HAF101-1991 版本	4.12　飞机坠毁 4.12.1　必须评价飞机在厂址上坠毁的可能性，并在评价时尽可能地考虑未来空中运输和飞机的特性。 4.12.2　如果通过评价表明存在着飞机在厂址上坠毁从而影响核电厂安全的可能性时，则必须对它的风险作出评价。 4.12.3　如果研究表明这种风险是不能接受的，而且又无切实可行的解决办法，则必须认为该厂址是不合适的。 4.12.4　有关飞机坠毁事件的设计基准必须包括撞击、着火和爆炸在内
修订版本	4.8.4　飞机坠毁 必须评价飞机坠毁（非恶意撞击）的可能性，同时按实际尽可能考虑未来空中交通和飞机的特点。 （1）如果通过评价表明存在飞机在厂址上坠毁从而影响核动力厂安全的可能性时，则必须对它的风险作出评价； （2）如果研究表明这种风险是不能接受的，而且又无切实可行的解决办法，则必须认为该厂址是不合适的； （3）有关飞机坠毁事件的设计基准必须包括撞击、着火和爆炸在内

续表

修订原因	IAEA No.SSR-1 飞机坠毁 5.35　必须评估厂址上飞机意外坠毁的可能性，同时尽实际可能地考虑将来空中交通和航空器特征的潜在变化。 本节基本沿用 HAF101-1991 版本的结构，强调了“飞机坠毁”考虑的是非恶意撞击，关于大型商用飞机恶意撞击的评价参考《核动力厂防御商用飞机恶意撞击安全技术政策（试行）》

HAF101-1991 版本	4.13　化学品爆炸 4.13.1　必须查明厂址区域有无可能导致猛烈爆炸或产生爆燃气团的化学品的装卸、加工、运输和贮存等活动。 4.13.2　对位于上述活动区域附近的厂址，如果这些活动可能导致辐射后果的总风险增加到不能接受的程度，而且没有切实可行的解决办法时，则必须认为这样的厂址是不合适的。 4.13.3　有关化学品爆炸事件的设计基准，必须在考虑距离效应后以超压表示
修订版本	4.8.5 化学危害 （1）在厂址周围区域内，当前或可预见的涉及装卸、加工、运输和贮存的可能产生爆燃或爆炸的化学品均必须进行评价； （2）与化学爆炸或其他释放有关的危害应以热、超压和毒性（如适用）表示，并应考虑距离和大气不利组合的影响； （3）对于上述活动区域附近的厂址，如果这些活动能使放射后果的总风险增加到不可接受的程度，而且没有切实可行的解决办法时，则认为该厂址是不合适的

续表

修订原因	引用 IAEA No.SSR-1 化学危害 5.36 必须处理在厂址周围地区开展的涉及操作、处理、运输和（或）贮存可能发生爆炸或产生能够爆燃或爆炸的气体云的化学品的当前或可预见的活动。 5.37 与化学爆炸或其他释放相关的危害必须以热、超压和毒性（若适用）来表示，同时考虑距离的影响，以及厂址大气条件的不利组合。此外，还必须评价此类事件对厂址工作人员的潜在影响。 本节基本沿用 HAF101-1991 版本的结构，将“化学品爆炸”修订为“化学危害”，增加关于化学爆炸及释放应以“热、超压和毒性”表示的描述，并强调“距离和厂址大气条件的不利组合”。相比于前述化学品爆炸范围更广，实际厂址评价过程中也考虑了上述方面

5 核动力厂对区域的潜在影响评价

5.1 放射性物质的弥散

本章主要描述核动力厂对区域的潜在影响，保留 HAF101-1991 版本的结构。

HAF101-1991 版本	无
修订版本	5.1.1 必须评价在运行状态和事故工况下从核动力厂释放的放射性物质在大气和水中的弥散
修订原因	新增内容

HAF101-1991 版本	5.1　放射性物质的大气弥散 5.1.1　必须进行厂址区域的气象描述，包括基本气象要素和现象，如风速、风向、气温、降水量、湿度、大气稳定度参数和持续逆温。 5.1.2　必须在厂址或厂址附近完成在适当高度和地点观测并记录主要气象要素的气象观测计划。厂址的评价必须包括至少一整年的观测资料和可从其他的来源得到的任何其他现有资料。 5.1.3　必须基于区域调查资料，采用恰当的模型以评定放射性释放物的大气弥散。 5.1.4　该模型的范围必须包括任何可能影响大气弥散的厂址和区域的异常地形特征及核电厂特征
修订版本	5.1.2　放射性物质的大气弥散 5.1.2.1　必须给出厂址所在区域的气象特征，包括对基本气象参数、区域地形地貌和气象条件的描述，如风速和风向、气温、降水量、湿度、大气稳定度参数和持续逆温等。 5.1.2.2　必须制定气象观测计划，并且在厂址或厂址附近适当的标高与位置上，使用能够观测和记录主要气象参数的仪器完成观测。必须收集至少一整年的数据，包括从其他来源得到的有关数据。 5.1.2.3　必须基于区域调查所获得的资料，采用适宜的模型来评价放射性物质释放的大气弥散效应。这些模型必须包括所有可能影响大气弥散的重要的厂址和区域地形特征，以及核动力厂的特征
修订原因	IAEA No.SSR-16.1 放射性物质的大气弥散分析必须考虑所在地区的地形、土地覆盖和气象特点，包括风速和风向、气温、降水、湿度等参数、大气稳定性参数、长期大气逆变以及大气弥散建模所需的任何其他参数。在可能的情况下，必须获取附近场所的长期气象数据，对其进行质量评价并加以使用

续表

修订原因	6.2　必须编制气象测量计划，并在厂址或厂址附近利用能够在适当的海拔、位置和采样间隔测量和记录主要气象参数的仪器仪表实施此计划。必须收集至少一个有代表性的全年数据，并将其连同从其他信息来源获得的任何其他相关数据一起用于大气弥散分析。气象数据必须以适当的气象参数表示。 本节基本沿用 HAF101-1991 版本的结构和内容

HAF101-1991 版本	5.2　放射性物质的地表水弥散 5.2.1　必须描述厂址区域的地表水文特征，其内容包括天然水体和人工水体的主要特征、主要挡水构筑物、取水口的位置和区域内用水的资料。 5.2.2　必须按需要完成地表水文调查和测量计划，以确定水体的稀释和弥散特征、沉积物和生物群的再浓集能力，以及放射性核素在水域内转移机制和照射途径。 5.2.3　必须采用所收集的资料和数据，以恰当的模型评价地表水污染对居民的可能影响
修订版本	5.1.3　放射性物质的地表水弥散 5.1.3.1　必须给出厂址所在区域的地表水水文特征，包括天然水体和人工水体的主要特征、主要挡水构筑物、取水口的位置以及区域内水资源利用的资料。 5.1.3.2　必须制定地表水水文调查和测验计划，以确定必要范围内的水体稀释和弥散特征，沉积物和生物的再浓集能力，以及放射性核素在水域中的迁移机制与照射途径。 5.1.3.3　必须采用所收集的资料和数据，用适宜的模型评价地表水污染对公众的潜在影响

续表

修订原因	IAEA No.SSR-16.3 必须设计一个调查计划收集相关数据，对厂址和所在地区的水文地质和水文参数进行表征，从而能够评估放射性核素通过地表水和地下水的潜在移动，并随后评估放射性影响。在水文地质调查之前，这一测量计划必须至少执行一整年（见 6.5）。数据必须以适当的地表水文学和地下水参数表示。 6.4 必须制定所在地区地表水（包括地表水和地下水之间的相互作用）调查计划。地表水的描述必须包括自然和人工水体的主要物理和化学特征、主要的控水结构、取水结构的位置以及所在地区水利用方面的资料。 6.5 必须制定所在地区水文地质调查计划，其中包括描述含水层的主要特征、其与地表水的相互作用以及所在地区地下水利用方面的数据。 6.6 所在地区水文地质调查计划必须包括调查地下水中放射性核素的迁移和滞留特征以及调查相关照射途径。 6.7 水文地质和水文调查必须在必要的范围内确定水体的稀释和弥散特征、沉积物和生物群的再富集能力、放射性核素的迁移和滞留特征、放射性核素在水圈中的迁移机制以及相关的照射途径。 本节基本沿用 HAF101-1991 版本的结构和内容

HAF101-1991 版本	5.3 放射性物质的地下水弥散 5.3.1 必须描述厂址区域的地下水文条件，其内容包括含水构造的主要特征、与地表水的相互作用和区域内地下水利用的资料。 5.3.2 必须完成水文地质调查计划，以便按需要评定放射性核素在水文地质单元内的移动。这些调查可包括核素在土壤中的迁移和滞留特征、蓄水层的稀释和弥散特征，以及为确定放射性核素的移动可能需要的地下物质

续表

HAF101-1991 版本	的物理和物理化学性质。 5.3.3　必须采用所收集的资料和数据，以恰当的模型评价地下水污染对居民的可能影响
修订版本	5.1.4 放射性物质的地下水弥散 5.1.4.1　必须给出厂址所在区域的地下水特征，包括含水构造的主要特征、与地表水的相互作用以及地下水利用的资料。 5.1.4.2　必须进行水文地质调查，以便评价放射性核素在地下水中迁移的特征。该调查应包括核素在土壤中的迁移和滞留特征、含水层的稀释和弥散特征，以及地下物质的物理和理化性质，其中主要是放射性核素在地下水中的迁移机制与照射途径。 5.1.4.3　必须采用所收集的资料和数据，用适宜的模型评价地下水污染对公众的潜在影响
修订原因	本节基本沿用 HAF101-1991 版本的结构和内容

5.2　人口分布和公众照射

HAF101-1991 版本	5.4　人口分布 5.4.1　必须收集厂址区域内的人口分布情况。 5.4.2　必须收集厂址区域现有的和规划的包括临时的及常住的人口分布资料，而且在核电厂的整个寿期内应继续收集新资料。收集资料区域的大小应根据有关规定确定。必须特别注意核电厂紧邻地区的人口分布、这一区域的人口稠密区和人口中心以及特殊设施如医院、监狱等。 5.4.3　必须采用厂址区域的最新人口调查资料或由最新人口调查数据资料而推断的资料估算出人口分布情况。在没有可靠数据资料时，必须进行专门的调查研究。 5.4.4　必须分析人口调查数据，以提出按离核电厂的距离和方向来表示的人口分布资料

续表

修订版本	5.2.1　必须确定核动力厂寿期内厂址所在区域现有和预期的人口分布，并用于评价在运行状态和事故工况下放射性释放对公众的潜在影响。 5.2.2　必须收集关于该区域现有和预期的人口分布资料，包括常住人口和可能的暂住人口，并在核动力厂的寿期内持续更新。在评估放射性释放的潜在影响并考虑实施防护行动的可行性时，应特别注意特殊人群（例如学校、医院、疗养院和监狱）。 5.2.3　人口分布尽量利用该区域的最新人口调查数据，或通过推断的常住人口和暂住人口的最新数据获得的资料。在缺乏可靠数据的情况下，必须进行专门的调查研究。 5.2.4　必须分析人口数据，并以核动力厂反应堆为中心按照不同距离和方位给出人口分布。该资料用于评价放射性物质正常排放和事故释放的潜在放射性影响，包括合理考虑因严重事故造成的释放，并适当使用厂址特定设计参数和模型
修订原因	引用 IAEA No.SSR-1 要求 26：人口分布和公众照射必须确定核设施寿期内所在地区内现有和预计的人口分布，且必须评价和定期更新运行状态和事故工况下放射性释放对公众的潜在影响。 6.8　必须收集所在地区现有和预计的人口（包括常住人口以及在可能的范围内临时人口）分布方面的资料，并在核设施寿期内不断保持资料更新。 在评价放射性释放的潜在影响和考虑采取防护行动的可行性时，必须特别关注弱势群体和寄宿机构（如学校、医院、疗养院和监狱）。 6.9　在调查人口分布情况时，必须利用所在地区最近的户口普查数据或通过对最近的常住人口和临时人口数据外推得到的资料。在缺乏可靠数据情况下，必须开展专门研究

续表

修订原因	6.10　必须从相对于厂址的方向和距离的角度分析数据以取得人口分布情况。必须利用这些资料并酌情利用厂址特定设计参数和模型对放射性物质正常排放和事故释放（包括合理考虑因严重事故导致的释放）造成的潜在放射性影响进行评价。 本节考虑人口分布的目的是评价放射性物质正常排放和事故释放对公众的潜在放射性影响。所以标题“人口分布”修订为“人口分布和公众照射”。在考虑的特殊人群增加“学校、疗养院”。 核安全法中描述为“人口密集场所”，不体现“人口中心”的描述，但需要考虑完整的人口分布。根据《核动力厂环境辐射防护规定》（GB 6249—2011），通常人口关注“厂址周围人口密度及分布”

5.3　区域内土地和水体的利用

HAF101-1991 版本	5.5　土地和水的利用 为了判断拟建核电厂对厂址区域的影响，特别是为了制定应急计划，必须说明土地和水的利用情况。其调查内容应包括： （1）供农业专用的土地面积、主要作物品种及产量； （2）牧场专用的土地面积及畜、奶产量； （3）商业、居住及游乐专用的场地面积及其使用特征； （4）用于商业养殖及娱乐性捕捞的水体，包括水生生物的种类、数量及产量； （5）用于商业目的（包括航运、公用供水或游乐）的水体； （6）野生生物赖以生存的水体和土地； （7）食物链受放射性污染的直接及间接途径。 必须特别注意查清那些对确定食物链输运有重要作用的特征

续表

修订版本	5.3.1　必须说明土地和水体利用的特征，以评估核动力厂对该区域的潜在影响。 5.3.2　土地和水体利用的描述必须包括调查居民可能利用的土地、地表水及地下水资源，以及可能作为食物链中生物栖息地的土地和水体。具体调查内容包括： （a）供农业专用的土地面积、主要作物品种及产量； （b）牧场专用的土地面积及畜、奶产量； （c）商业、居住及游乐专用的场地面积及其使用特征； （d）用于商业养殖及娱乐性捕捞的水体，包括水生生物的种类、数量及产量； （e）用于商业目的（包括航运、公用供水或游乐）的水体； （f）野生生物赖以生存的水体和土地； （g）食物链受放射性污染的直接及间接途径。 必须特别注意查清那些对确定放射性物质通过食物链迁移有重要作用的特征
修订原因	IAEA No.SSR-1 要求 27：所在地区土地和水的使用情况 必须对土地和水的使用情况进行表征，以便评估核设施对所在地区的潜在影响。 6.11　对土地和水的使用情况进行表征必须包括调查可能被人口使用或作为食物链中生物栖息地的土地、地表水和地下水资源。 本节基本沿用 HAF101-1991 版本的结构和内容

5.4　辐射环境本底调查

HAF101-1991 版本	5.6　环境的放射性本底 在核电厂调试以前，必须进行周围地区的环境放射性本底测量

续表

修订版本	为了能够确定核动力厂的放射性影响，在核动力厂厂址首台机组首次装料前，营运单位必须完成环境本底辐射水平的调查，所获得的数据将作为未来评价的基准
修订原因	依据《核动力厂环境辐射防护规定》（GB 6249—2011）9.1.1“在核动力厂厂址首台机组首次装料前，营运单位必须完成环境本底辐射水平的调查。”的要求，选址过程中营运单位均进行环境放射性本底调查，这一原则性要求从 HAF101-1991 版本一直沿用至今；本节强调这一规定

术语

本次修订过程对于术语的修订采取的原则是HAF101-1991版本中存在且修订版本还继续使用的，对此进行了保留；HAF101-1991版本中存在，但修订版本中不再使用、不适宜出现在修订版本中或不属于厂址评价范围的，对此进行了删除。此外，还新增加了一些术语。

保留的术语为核安全（安全）、营运单位、质量保证、试验、最终热阱、区域、能动断层、记录、文件。

删除的术语为运行状态、正常运行、预计运行事件、事故（事故状态）、事故工况、设计基准事故、严重事故、事故处理、安全系统、保护系统、安全执行系统、安全系统辅助设施、可接受限值、能动部件、调试、共因故障、建造、退役、设计、多样性、燃料组件、燃料元件、功能隔离、检查、许可证（执照）、运行、运行限值和条件、非能动部件、实体分隔、假设始发事件、规定限值、多重性、余热、安全功能、安全组合、安全系统整定值、单一故障、厂址、厂区、厂区人员、厂址选择、废物处理、设计基准外部事件、外围地带、物项、客观证据、合格人员、对供方的评价、运行人员、运行记录、核电厂运行管理者、安全限值、技术规格书（技术条件）、检验、不符合项、监查。

新增的术语为外部事件、规划限制区、风险、极端气象灾害、罕见气象事件。其中新增的术语如下所示。

外部事件

在核动力厂所在区域内，可能对核动力厂安全或核活动产生影响的事件，包括外部自然事件和外部人为活动引发的事件。

规划限制区

由省级人民政府确认的与非居住区直接相邻的区域。规划限制区内必须限制人口的机械增长，对该区域内的新建和扩建的项目应加以引导或限制，以考虑事故应急状态下采取适当防护措施的可能性。

风险

本规定所用的术语“风险”，是指来自于导致放射性物质释放的某一特殊事件的概率与该事件放射性后果的乘积。从概念上讲，综合风险分析包括下述一系列步骤：分析所有初因事件；伴随每个初因事件的全部可能相关事件序列；与这些序列中每个序列相关的概率值；以及最终对个人、群体和环境造成的后果。

极端气象灾害

气象参数或气象现象的极端值，一般通过统计分析不同气象参数的测量数据来确定。

罕见气象事件

在任何一个地方发生的频率都非常低，难以在任何特定场所被测量到的气象事件。这些事件具有破坏性影响，可能导致标准测量仪器的损坏。